未读 | 探索家

Science Pearls　Youth Edition

国际科普大师丛书（青春版）● 数理篇

迷人的液体

33种神奇又危险的流动物质和它们背后的科学故事

Liquid

The Delightful and Dangerous Substances That Flow Through Our Lives

［英］马克·米奥多尼克

(Mark Miodownik) /著

孙亚飞/译

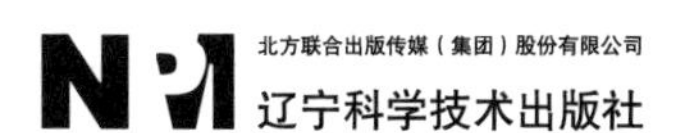

著作权合同登记号：图字 02-2019-266 号

图书在版编目（CIP）数据

迷人的液体 / (英) 马克・米奥多尼克著；孙亚飞译. -- 沈阳：辽宁科学技术出版社，2025. 1. -- (国际科普大师丛书：青春版). -- ISBN 978-7-5591-3893-4

Ⅰ. O351-49

中国国家版本馆CIP数据核字第2024FG3166号

出 版 者：辽宁科学技术出版社
（地址：沈阳市和平区十一纬路25号 邮编：110003）
印 刷 者：大厂回族自治县德诚印务有限公司
发 行 者：未读（天津）文化传媒有限公司
幅面尺寸：889mm × 1194mm，32开
印　　张：6.75
字　　数：170千字
出版时间：2025年1月第1版
印刷时间：2025年1月第1次印刷
选题策划：联合天际
责任编辑：张歌燕　王丽颖　马航　于天文
特约编辑：张安然　王羽翯
美术编辑：梁全新
封面设计：typo_d
责任校对：王玉宝

书　　号：ISBN 978-7-5591-3893-4
定　　价：38.00元

关注未读好书

客服咨询

本书若有质量问题，请与本公司图书销售中心联系调换
电话：(010) 52435752

谨以此书纪念我亲爱的爸爸妈妈！

目录

序言

我曾在机场安检处有过一次遭遇，花生酱、蜂蜜、香蒜酱、牙膏，一股脑儿都被没收了，最让我心疼的是，还有一瓶单一麦芽威士忌。在当时的处境下，我无可奈何，只能说着“我要见你们领导”或是“花生酱不算液体”之类的话，尽管我心里明白，它就是液体。因为花生酱可以流动，呈现出外包装的形状，这是液体的特性，所以它是一种液体。然而，这件事还是让我愤愤不平。因为即使在充满“智能”技术的机场安检处，工作人员也依然不能区分液体面包酱和液体炸药。

从2006年起，机场不允许乘客携带超过100毫升的液体通过安检，但我们的检测技术在那之后并没有取得明显进步。由于X射线检测仪可以透视行李箱，因此它被用于提醒安检人员注意那些形状可疑的物体，比如，从吹风机中识别手枪，或是从钢笔中发现刀具。可是液体没有固定的形状，检测仪只能辨识各类液体包装物的形状。机场扫描技术可以检测出液体的黏度以及一系列试剂的化学成分，但也遇到了一些麻烦。比如，易爆品硝化甘油的分子构成和花生酱的分子构成很相似，它们都含有碳、氢、氮、氧等元素，尽管前者是一种液体炸药，后者只是一种美食。毒素、毒药、漂白剂和病原体的种类多得吓人，要想从更多“无辜”的液体中迅速而又准确地分辨出它们，简直比登天还难。不仅如此，我还从很多安检员（包括他们的领导）那里听来了一个观点：不管是我的花生酱，还是那些我似乎常会忘记从行李箱中取出来的液体物品，从某种意义上说都是隐患。他们总是说服我去相信这个很勉强的说法。

对性能稳定的固态物体来说，液态就是它的“第二自我”。固体材料是我们人类忠实的伙伴，衣物、鞋子、手机、汽车以及机场都拥有固定的形态。可液体不过是流体罢了，它们可以呈现出任何形状，除非被装在容器中。当它们没有被盛放的时候，它们总是四处漫开、渗透、侵蚀、滴落，摆脱我们的控制。当你将一块固体物放好后，它就待在那里不动了，除非有人强行把它搬走。一般情况下，它可以胜任很多有价值的工作，比如，支撑一座大楼，或者为一整个社区提供电力。然而，液体可谓是无法无天，破坏物品时得心应手。举个例子吧，在浴室，水流总是容易漏入缝隙，蓄积在地板下面干坏事，腐蚀并破坏木质的地板托梁，要想阻止这一切，就要打一场持久战了。在光滑的瓷砖地面上，积水成了让人滑倒的“绝佳”隐患，无数人因此受伤。当水在浴室的角落蓄积时，角落又成了藏污纳垢之所，黑漆漆、黏糊糊的真菌和细菌生长出来，随时都有可能侵入我们的身体并致病。然而，撇开所有这些威胁不提，我们还是很钟爱这玩意儿的。我们喜欢在水中泡澡，或是在水下冲凉，让全身都湿透。更何况，一间浴室里如果没有各式各样瓶装的沐浴露、洗发露、护发素、洗面奶以及管装的牙膏，它又怎么称得上是完整的呢？因为这些神奇的液体，我们感到快乐，却又对它们充满担忧：它们对我们有害吗？它们是否致癌？它们会破坏环境吗？因为液体，欢欣与猜忌交织在一起。它们天生就是两面派，既不是气体也不是固体，而是居于两者之间，是一类令人难以捉摸的神秘物质。

水银，数千年来人类为之欣喜不已，却也深受它的毒害。当我还是个孩子的时候，我经常把玩液态的水银，围着桌面轻轻弹打水银球，着迷于它的与众不同，直到我知道它有毒。不过，在很多古老的文明中，人们都认为水银可以益寿延年、愈合骨折，维持身体的健康状态。如今，我们已不清楚为何它会被赋予这些特性，也许是源于它的特殊性：唯一一种在室温条件下保持液态的纯金属。中国的第一位皇帝秦始皇，为了长生不老而服用含有汞元素的丹药，可他在49岁就驾崩了，或许是因为中毒。古希腊人将水银制成软膏来使用，而炼金术士们相信，水银与硫黄的组合是形成所有金属的基础，当水银和硫黄之间的配比达到完美平衡时，便可以得到黄金。迷信由此产生了，人们认为，不同的金属只要以恰当的配比混合就能制出黄金。尽管我们现在知道，这完全是天方夜谭，但是黄金可以在水银中溶解是千真万确的。如果这种液体“吸收”了黄金后再被加热，便会挥发，留下固态的金块。对很多古代人来说，这个过程就像变魔术。

水银并不是唯一一种能吞噬其他物质并纳入其中的液体。将食盐加入水中，食盐会很快消失。但食盐肯定还存在于某处，可究竟在哪儿呢？若是把水换成油，食盐就会纹丝不动，这是为什么呢？液态的水银可以吸收固态的黄金，但它对水十分排斥，这又是为什么呢？水可以吸收包括氧气在内的一些气体，如果不是这样，我们就将生活在一个完全不同的世界中。正因为氧气会在水中溶解，鱼类才能在水中呼吸。虽说水不能携带足够的氧气来供人类呼吸，但一些其他的液体却可以。比如，全氟碳液体（全氟化合物）是一种化学反应性与导电性都极低的物质。如果你将手机丢入盛有全氟化合物液体的烧杯中，这种液体的惰性能让手机保持正常运转。全氟化合物液体也可以吸收氧气，浓度高到足以供人类呼吸。呼吸液体由此代替了呼吸空气。这种可供呼吸的液体具有很多用途，最重要的是用于治疗患有呼吸窘迫综合征的早产婴儿。

当然，液态水具有维持生命的终极特征。这是因为它不仅可以溶解氧气，还含有很多其他的化学物质，包括一些碳基分子，所以能为生命的出现、新生物的诞生提供必要的水环境。或者，至少在理论上说是这样。这也正是科学家们在其他行星上探测生命时，会先去寻找液态水的原因所在。不过，宇宙中的液态水十分罕见，木星的卫星木卫二的冰盖下倒是有可能存在液态水海洋。此外，土星的卫星土卫二上也可能存在液态水。但不管怎么说，地球是太阳系中唯一一颗在表面上就存在大量液态水并且可以直接使用的星球。

由于一系列特殊的环境条件，地球表面的气温与气压可以使水维持液态。特别是，如果没有地球中心那个由熔融金属组成的液态地核，便不会形成让我们免遭太阳风袭击的磁场，地表的水很可能早在数十亿年前就消散殆尽了。总而言之，在我们的地球上，液体产生了液体，又孕育出了生命。

然而，液体也具有破坏性。泡沫之所以触感柔软，是因为它很容易被压缩。如果跳上一块泡沫垫，你就会感到它在你的脚下收缩。液体不仅不会这样，还会流动——一个分子移动到另一个分子所释放的空穴中。你可以在河流中看到此景，或是当你打开水龙头的时候，当你用小匙搅动咖啡的时候。当你从跳板上跳下，身体栽入水中时，水就会从你的身边向外流开。然而，水的流动需要时间，如果你冲进去的速度比水流的速度还快，它便会对你施加反向的推力。当你以腹部入水的姿势跳进泳池时，你皮肤上的刺痛感便是源于这股推力。因此，从很高的位置落水与落在水泥地面上没什么两样。水的不可压缩性也解释了为什么波涛具有致命的威力，以及它为什么能在海啸中摧毁建筑物和城市，像卷起一根浮木般卷起一辆汽车。2004年，印度洋发生地震并引发一系列海啸，周边14个国家共23万人遇难，这在有记录以来的最严重自然灾害榜上位居第八。

液体还有个危险的特性：爆炸性。在牛津大学攻读博士学位的时候，我准备用一些小样品来测试电子显微镜，其中的一个步骤是将一种叫作“电解抛光液”的液体冷冻，使其温度降至-20℃，而这种液体是乙二醇单丁醚、乙酸和高氯酸的混合物。实验室里的学长安迪·戈弗雷为我演示了操作方法，我觉得自己已经掌握了。然而，几个月后，安迪注意到我在进行电解抛光的时候，经常任由溶液的温度上升。有一天，他从我身后瞥见这一幕，大吃一惊：“我可不会这么做！”我问他原因，他指了指危险化学品的实验室操作守则。

> 高氯酸是一种腐蚀性强酸，对人体组织有破坏性。如果吸入、吞入高氯酸，或是将其溅到皮肤、眼睛等处，都会有损健康。一旦加热到室温，或是在浓度达到72%以上（任何温度）时使用，高氯酸就会变成一种强氧化性酸。有机物如果与高氯酸混合或接触，就特别容易受其影响而自燃。在通风系统的管道中，高氯酸蒸气有可能形成对冲击力敏感的高氯酸盐。

换句话说，它可以爆炸。

在检查过实验室后，我发现了很多相似的无色透明液体，大多数都无法和其他物质区分开来。比如，我们使用了氢氟酸，这玩意儿不仅是一种能钻透水泥、金属与鲜肉的酸，还是一种会干扰神经系统的接触性毒剂。这是一个潜在的风险。当这种酸腐蚀你身体的时候，你却察觉不到。当你意外地暴露于氢氟酸环境中，氢氟酸很容易被你忽视，它却能透过你的皮肤一直向体内渗入。

乙醇（也就是酒精）也被列入了有毒物质的名单。或许只有在高剂量使用时，乙醇才有毒，但被它杀死的人远远多于被氢氟酸杀死的人。在全球各地的社会与文化中，乙醇还扮演着各种各样的角色，它在历史上一直被当作杀菌剂、止咳药、解毒药、镇静剂和燃料使用。乙醇的独特魅力在于，它是一种精神药物，可以抑制神经系统。很多人要是每天不喝上一杯酒，就什么事都做不了，而大部分社交活动也是在提供酒精的场所里进行的。我们也许不会信任这种液体（这是对的），但不管怎么说，我们还是爱它。

当乙醇被血液吸收的时候，我们便可以感受到它引发的生理作用。每一次强有力的心跳都在提醒我们，身体中的血液扮演着多么重要的角色，以及它需要不断地循环。我们要对心脏这台“泵”说上一句“谢谢”，当它停下来的时候，我们也就死了。在世界上所有的液体中，血液毫无疑问是最重要的液体之一。幸运的是，如今心脏也可以被替换、搭桥，或是在我们身体的里里外外被研究。血液本身也可以被输入或输出，进行储存、共享、冷冻或复活。事实上，如果没有血液库，那么每年将有数百万人死于手术、战争或交通事故。

然而，血液也会被一些传染病源感染，如HIV（人类免疫缺陷病毒）或肝炎病毒，所以它在保护人体健康的同时，也能带来伤害。由此看来，我们还得考虑血液的两面性，所有液体都是如此。对某种特定的液体来说，它是否可以被信任，是好是坏，是健康的还是有毒的，是可口的还是让人恶心的，这些都不太重要。真正重要的是，我们是否对它足够了解，是否能够驾驭它。

要想揭示我们从管控液体中获得的力量与快感，最好的方法莫过于乘坐航班时瞥一眼那些被禁止携带的液体。这也是本书要讲的，在一趟跨越大西洋的航班上，提到了各种奇怪而又迷人的液体。我还能乘坐这趟航班，多亏当年读博的时候没把自己炸上天，反而继续从事了材料学的研究，最终成为伦敦大学学院材料研究所的主任，而我的科研工作也包括探寻液体如何“伪装”成固体。比如，花生酱、黄油和修路时用的焦油、沥青都是液体，而人们往往以为它们是固体。因为这项研究，我们受邀飞往全球各地参加会议，而这本书的内容就是这一趟从伦敦飞往旧金山的旅行报告。

这趟航班的旅行报告是用分子、心跳和海浪的语言来讲述的。我的目的是揭开液体的神秘面纱，并解释我们为何会变得如此依赖液体。飞机带着我们飞过冰岛的火山、格陵兰岛广阔的冰冻地带、哈得孙湾附近星罗棋布的湖泊，最终向南飞到太平洋的海岸。这是一张足够大的画布，我们可以探讨海洋、云中的水滴等不同尺寸的液体，还可以通过机上娱乐系统看看有趣的液晶，观察乘务员送来的饮料，当然，还有让飞机在平流层一直飞行的航空煤油。

在这本书的每一章里，我都介绍了液体的一种特性，也多亏了液体本身具有这么多特性，如可燃性、溶解性以及可酿造性。我也将告诉你，液体的芯吸效应[1]、黏度、溶解度、压力、表面张力，液滴的形成过程，以及其他不常见的特性是如何让我们绕着地球飞行的。与此同时，我还将揭示，水为什么会向树梢流动却又顺着山坡下泻，油为什么是黏糊糊的，波浪如何涌向远方，物品为什么会干燥，液体怎么变成晶体，自己酿酒的时候如何避免酒精中毒。当然，还有如何泡出一杯好茶。所以，请跟着我一起“飞”，我向你保证，这将是一段奇异而又非凡的旅程！

---

(1) 芯吸效应是纺织行业术语，指液体沿着纤维方向扩散的现象，就像灯油会顺着灯芯向上移动那样。——译注（书中脚注如无说明均为译注）

第一章　易燃易爆的航空煤油、橄榄油、柴油、硝化甘油

随着机舱门关闭，我们的飞机从希思罗机场的停机口推离，有一个声音宣布："现在开始广播起飞前安全须知。"

"女士们，先生们，下午好，欢迎搭乘本次大英航空飞往旧金山的航班。起飞之前，请注意一下，现在由机组人员向您指出飞机上的安全设施。"

我一直认为这是一种令人不安的起飞方式，因为我很确信这是个谎言，安全手册根本不是真的与安全有关。首先，他们压根儿忘了提飞机上的数万升液体。这些液体中蕴含的巨大能量足以让我们飞完全程，正是它的易燃性使喷气式引擎充满动力。对我们来说，引擎将跑道上这架载有400名乘客、重达250吨的飞行器从静态推至每小时约800千米的巡航速度以及12 000米的飞行高度，只需要花费几分钟。这种液体蕴含着令人敬畏的力量，点燃我们最狂野的梦想。它让我们在云端遨游，可以抵达世界上的任何一个地方。将第一位宇航员尤里·加加林送往太空的火箭中，装的也是这种液体，它还是最新一代SpaceX[1]火箭所用的燃料，可以将卫星发射到太空中。它就是航空煤油。

(1)　SpaceX是美国一家私人火箭发射公司，由埃隆·马斯克创立，全称是"太空探索技术公司"，旗下的"猎鹰"系列火箭因发射后可回收而闻名于世。

航空煤油是什么?

航空煤油是一种无色、透明的液体，令人困惑的是，它看上去几乎与水一模一样。那么，它那巨大的能量贮藏在何处？能量又是从何而来的？为什么液体内部储存着这么多原始能量却没有使它变得更像糖浆或者更危险呢？还有，为什么它没有在起飞前的安全须知中被提及？

如果能将“镜头”放大到原子层面，你就会看到航空煤油的结构很像意大利面。每一根“面条”的骨架都由很多碳原子构成，它们依次键合在一起。每个碳原子都与两个氢原子相连，除了分子末端的那两个碳原子，它们是和三个氢原子相连的。在这个观察层面下，你就可以很轻松地说出航空煤油与水的差别了。水没有面条状的结构，只有一堆杂乱无章的“V”形小分子（一个氧原子与两个氢原子相连，H_2O）。你肯定不会混淆，航空煤油看起来更像是橄榄油，而橄榄油也是由碳原子骨架的分子胡乱堆砌而成的。不过，航空煤油中的原子串更像意大利面，橄榄油中的原子串却生出很多枝节并缠绕在一起。

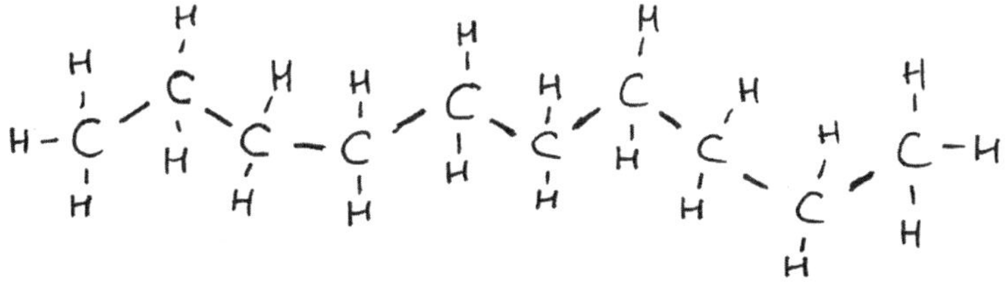

●煤油中一种烃类分子的结构[1]

(1) 烃类化合物是化学上对碳氢化合物的通称，即分子中只有碳和氢这两种元素。

因为橄榄油的分子形态比航空煤油的分子更复杂，对它们来说，摇摆着越过其他分子的难度也就更大，所以橄榄油不那么容易流动。换句话说，橄榄油比航空煤油更黏稠。它们都是油类物质，从原子层面来看也比较相似，但是因为结构上的差异，橄榄油就是黏糊糊的，航空煤油却能像水一样倾倒而出。这一差异不仅决定了这些油的黏度，而且决定了易燃程度。

波斯的医生、炼金术士拉齐（Rhazes）将一些关于煤油的发现记录在了他于9世纪完成的著作《秘典》中。拉齐对他所在地自然产生的喷泉非常感兴趣，这些喷泉喷出的不是水，而是一种黏稠且含硫的黑色液体。当时，这种像焦油一样的材料被人们提取出来，用于铺路，它本质上就是古代版的沥青。拉齐发明了特殊的化学工艺来研究这种黑色的油，如今我们将这种工艺称为蒸馏。他将液体加热，并收集了其中排出的各种气体。然后，他将这些气体再次冷却成液体。他最初提取的液体是黄色的油状物，但经过再次蒸馏之后，它们就变成了清澈透明、可以自由流动的物质。于是，拉齐发现了煤油。

这种液体将为世界做出的贡献，当时的拉齐不可能都想得到，但他知道它是易燃的，还会形成没有烟雾的火焰。如今看来，这一发现似乎是微不足道的，但对任何一个古代文明而言，室内照明都是个大问题。当时，油灯采用的是最先进的制灯技术，在很长一段时间里，油灯在点燃的时候总是会产生很多油烟。无油烟的灯可以说是革命性的发明，以至于其重要性在阿拉丁的故事中广为流传。这个故事出自《一千零一夜》。阿拉丁发现了一盏油灯，那是一盏有魔力的灯。当他擦拭灯的时候，一只强大的妖怪被他释放出来。这个妖怪注定要服从这盏灯的主人，这可了不得。当时的神话故事中经常会出现妖怪，据说它们是由无烟火焰炼出的超自然物种。这种新液体的重要性以及它制造出无烟火焰的能力，炼金术士拉齐肯定会记录下来。那么，为什么当时的波斯人没有开始使用这种新“魔法”呢？一部分原因在于橄榄树在他们的经济与文化中所占据的重要地位。

橄榄油为波斯人送去光明

9世纪时，橄榄油是波斯油灯燃料的不二选择。在这一地区，橄榄树生长得十分茂盛，不仅耐干旱，还出产大量橄榄果，橄榄果被压榨后便可得到橄榄油。大约20颗橄榄果就可以榨出一汤勺的橄榄油，这足以供一盏油灯照明1个小时。如果一个家庭每晚需要照明5个小时，那么一天就要用掉100颗橄榄果，一年就要用掉3.6万颗橄榄果，这还只是供一盏灯照明所用。波斯人为了让他们的帝国出产足够多的橄榄油用于照明，就需要大量的土地和时间，因为橄榄树通常在种下的前20年里不会结果。波斯人还要保护他们的土地，以防被那些觊觎这一宝贵资源的人夺走，所以他们要管理城镇，而这就意味着需要更多的橄榄树，以便所有人都能烹饪和照明。为了供给一支军队，他们需要为之缴税，而在波斯，缴税就是向政府上缴一部分橄榄果。因此你会发现，橄榄油是波斯的社会与文化核心，所有中东文明都是如此，直到他们发现新能源和税收替代物。拉齐的实验证明，这种新能源就在他们的脚下，但它还要继续待上1000年。

●拉齐时期，人们使用的古代油灯（复制品）

与此同时，油灯也在改进。9世纪的油灯设计看起来很简单，却出人意料地精巧。如果这是一碗橄榄油呢？你想将它点燃，就会发现十分困难。之所以不易，是因为橄榄油具有非常高的闪点。闪点，是指可燃液体与空气中的氧气自发反应并形成火焰的最低温度。橄榄油的闪点是315℃，所以使用橄榄油烹饪非常安全。如果你将它溅到了厨房里，它不会立即被点燃。而且，煎炸大多数食物时，你只需要将温度加热到200℃左右，这仍然比橄榄油的闪点低了100多摄氏度。因此，用橄榄油烹饪菜肴很轻松，不会出现油滴爆燃的情况。

不过，被加热到315℃时，你的橄榄油油锅会突然变成火焰，并发出大量的光。这个过程不仅异常危险，而且会飞快地消耗燃料。你一定在想，是否还有比点燃橄榄油更好的照明方法，当然有。如果你将一根棉线浸入油中，只露出一截线头儿，然后将其点燃，棉线的顶端就会产生一抹明亮的火焰，这样就不需要点燃整个锅里的油了。生成火焰的不是棉线，而是从棉线中渗出的油。这个办法十分巧妙，但还能进一步改进。虽然你想让它继续燃烧，但火焰不会向下烧到油中，油反而会顺着棉线向上爬，只有在它到达顶部时才会被点燃。这可以让火焰燃烧数小时之久，实际上，只要碗里有油，火就不会灭。油能无视重力的存在而自由移动，这一过程叫作芯吸效应。看起来似乎有些不可思议，但这是液体的基本性质，因为它拥有一种叫作表面张力的特性。

液体具有流动特性，因为它的结构处于混沌的气态与“监狱般”的固态（对分子而言）之间，是一种过渡状态。在气体中，分子具有足够多的热能，可以互相挣脱并自主运动。这就使气体具有动态性，它们可以膨胀，直到填满所有可用的空间，但它们几乎没有结构。在固体中，原子和分子间的吸引力比它们拥有的热能更强，这使它们紧密地结合在一起。因此，固体具有很多结构，却几乎没有自主性。当你拿起一只碗的时候，碗上的所有原子都一起运动，形成一个整体。液体是两者的中间状态，原子具有的热能足以打破它们与相邻原子的一部分结合力，却又不足以打破与所有原子的联系而变为气体。因此，它们只能被困于液体中，却又能在其中四处移动。这便是液体的本质——一种物质形态，分子可以自由徜徉，与其他分子不断地建立或切断联系。

液体表面的分子所处的环境与液体内部的那些分子不同。它们并没有完全被其他分子包围，所受到的平均作用力要低于液体内部的分子。表面分子与内部分子受力不平衡，形成了一股张力，我把它称为“表面张力”。这股力非常小，却又大到足以抵抗施加在小型物体上的重力，这也是一些昆虫能在池塘水面上行走的原因。

仔细看一下水黾在水面上行走的过程，你会发现它的腿是被水抵开的。之所以会这样，是因为水的表面张力对虫腿产生了排斥力，并抵消了虫的重力。而一些固液界面的作用力正好相反，形成的是

●水黾在水面上行走

分子间的引力，水和玻璃就是如此。观察玻璃杯中的水，你会发现水接触玻璃杯的边缘部分像是被拽了上去，我们称之为“弯月面”，这也是一种表面张力效应。

神奇的“芯吸效应”

植物精通同样的戏法。它们可以无视重力，利用一种贯穿根、茎、叶的微型导管系统，将水从地面吸到植物内部。由于这些导管极其细微，因此导管的内表面积与液体体积的比值也急剧上升，于是表面张力效应也变得显著。因此，商家会售卖“微纤维”布料用于擦洗玻璃，这种布料含有类似植物的毛细管道结构，能够快速吸收水分，帮人们更高效地完成清洁工作。厨房用纸能擦掉溅出的液体，运用的也是这一原理。这些都是芯吸效应的例子，表面张力同样会让油沿着棉线往上爬，更准确地说，是沿着灯芯往上爬。

如果没有芯吸效应，蜡烛就无法被点亮。当你点燃烛芯时，热量会将蜡熔化，并形成一个充满蜡液的小池子。液态的蜡顺着微管向烛芯上方移动，直抵火焰，向火焰输送一些新的蜡液供其燃烧。如果你选择了合适的烛芯材料，火焰燃烧时的热量足以形成一个蜡液小池，从而确保燃料稳定地流动。这种看似复杂的系统具有自主调节能力，不需要我们投入太多。虽然如今人们已不再将蜡烛当作一种神秘物质，但它确实如此精妙。

数千年来，芯吸效应都是全球各地室内照明应用的基本原理，不管是蜡烛还是油灯。如果没有这两种照明工具，这世上的夜晚便会永远堕入黑暗。正如你猜到的，油灯在油料作物充足的地区比较受欢迎，蜡烛则主要在石蜡或动物脂肪更容易获取的地区被使用。然而，尽管设计巧妙，蜡烛和油灯还是有一些缺点。除了显而易见的火灾风险，它们还会产生油烟，火焰的亮度不高，异味和经济成本高也是大问题。这便意味着，总有人会去寻找更优质、更便宜且更安全的照明方式。拉齐在9世纪时发现的煤油，如果有人注意到的话，或许就能成为解决方案。

飞机上的“起飞前安全须知”正在卖力地播报着，乘务员们忽视了航空煤油的重要性，直到现在都没有提及一句，尽管这种革命性的液体此时此刻正在被喷射到机翼下方的喷气式引擎中，为飞机在跑道上的滑行提供动力。而他们正在播报着当“机舱失压”时应该怎么做。作为一名英国人，我很感激这个词的保守性，因为听上去这好像不是什么大事。然而，“机舱失压”意味着当飞机在很高的海拔巡航时，如果机舱突然出现了一个洞或一条裂痕，那么所有的空气，连同那些没有系上安全带的人，都会被吸出舱外。这时，通常不会有足够的氧气来供人们呼吸，所以氧气面罩就被设计成从座位顶部落下。飞机会立即开始陡降，回落到氧气较多的低海拔区域。直到这时，存活下来的人才算是真正安全了。

缺少氧气，对古代的油灯来说同样是个问题。这种油灯设计没有让燃料接触足够多的氧气并完全燃烧，也是火焰的光会比较暗淡的原因。在18世纪，这仍然是个问题，直到一位名叫艾梅·阿尔冈（Ami Argand）的瑞士科学家发明出一种新型油灯，使用套筒状的灯芯，并用透明的玻璃灯罩予以保护。这样设计，空气就可以从火焰中间穿过，从根本上增加了氧气的输送量，油灯的燃烧效率和亮度也相当于六七根蜡烛。这一革新还最终证实，橄榄油和其他植物油并不是理想的燃料。要想获得更高的亮度，就需要更高的温度、更快的芯吸效应，而芯吸的速度则取决于液体的表面张力与黏度。为了寻找更便宜、黏度更低的燃油，人们开展了更多的实验。悲惨的是，很多鲸因此死亡。

鲸油可以通过熬煮鲸脂条获得。鲸脂释放出来的油，呈清澈的

●《猎捕抹香鲸》，约翰·威廉·希尔（John William Hill）于1835年创作

蜂蜜色。它并不是很好的烹饪或食用油，但230℃的闪点与较低的黏度让它非常适合作为油灯燃料。

阿尔冈油灯的鲸油用量，在18世纪末期出现突飞猛进的增长，特别是在欧洲和北美地区。在1770年到1775年间，马萨诸塞州的捕鲸人每年生产4.5万桶鲸油以满足市场需求，捕鲸业因室内照明而蓬勃发展，成为一个大产业，部分种类的鲸因此而濒临灭绝。据估计，到19世纪时，人们为了获取鲸油，已经屠杀了超过25万只鲸。

最完美的灯油

大量捕鲸的情况不能再继续下去，况且室内照明的需求还在不断增长。随着人口数量越来越多、人们越来越富裕，教育问题也越来越受到重视，夜晚读书与娱乐的文化开始流行起来，对燃油的需求随之增长，发明家和科学家的压力也越来越大。其中，有位名叫詹姆斯·扬（James Young）的苏格兰化学家在1848年发现了一种从煤炭中提取液体的方法，并将这种液体放在油灯中燃烧，效果非常好。加拿大发明家亚伯拉罕·格斯纳（Abraham Gesner）也发现了这一产品，并称之为煤油。这本来也不算什么大事，但令人始料未及的是，它恰好发生在美国南北战争爆发之前，捕鲸船成为军事目标，向其他灯油征税为新发现的煤油创造了立足之地。不过，煤油产业一直未能真正地发展起来。没过多久，发明家们就不再围着煤炭打转了，转而研究一种在煤矿附近经常可以发现的黑色油体。这种必须用泵从地下抽取的原油，是散发刺鼻气味的黑色黏稠物质。不过，在使用这种原料前，他们还得先学会蒸馏，也就是最初由拉齐使用的古老工艺。这门生意非常赚钱，这一次，妖怪真的从灯里冒了出来。

与此同时，在我乘坐的飞机上，仍然没有人提及航空煤油。安全须知里有很多关于紧急出口的内容，在我前方的乘务员挥舞着双臂，伸出手指，指明了出口的位置。我被告知，在我身后有两个出口，机舱前方也有两个，还有两个位于机翼的上方。我很想再加上一句："在我们脚下的油箱中，有5万升煤油，而在飞机的两片机翼下，还各存有5万升。"我可能是嘟囔了几句，因为我引起了邻座乘客的注意，暂且叫她苏珊吧。自打上了飞机之后，这是她第一次抬起头并将视线从书上挪开。她戴着红框眼镜，视线越过镜框上缘打量了我一下，便又继续读书。她那一瞥肯定还不足一秒钟，却像是有一个声音在说："放松点儿。飞机是最安全的长途交通工具，难道你不知道每天都有100多万人在平流层中飞行吗？发生空难的概率微乎其微。不，比微乎其微的概率还要低。坐下吧，别担心，看看书……"我知道这对一个眼神来说，传达的信息有些太多了，但是请相信我，她真的用眼神说了这些。

●精炼油厂（高柱是蒸馏釜）

话说回来，不管情况是好是坏，我思考的无非就是煤油，以及19世纪中叶那些发明家用来提炼原油的卓越技艺——蒸馏。为了蒸馏出油，拉齐使用过一种叫作“蒸馏器”的装置，现在我们称之为蒸馏釜，就是你在原油精炼厂看到的那些高耸的塔。

原油是由很多形态各异的烃类分子构成的混合物，有一些分子很长，就像意大利面，有的则更小一些，形态也更为紧凑，还有一些分子是以环的形式结合的。每个分子的骨架都是由碳原子构成的，顺次靠化学键[1]结合在一起。每个碳原子上还有两个氢原子与之相连，但是它们的外形和尺寸都相差很大：分子的大小从仅有5个碳原子到几百个不等。不过，碳原子数目不足5个的烃类分子极少，因为太小的分子一般会以气态的形式存在，它们被称为甲烷、乙烷、丙烷和丁烷。分子越长，沸点就会越高，越有可能在常温时以液态形

(1) 原子互相连接的作用力，因此原子的结合方式被称为键合。

式存在。大到含有40个碳原子的分子，肯定也是存在的，但是如果变得再大一些，便会很难流动，就像沥青。

蒸馏原油的时候，小分子会先被提取出来。含有5至8个碳原子的烃类分子会成为极易燃烧的清澈透明液体。它的闪点为-45℃，也就是说，即使气温低至零下，它也很容易被点燃。实际上，因为太容易被点燃，将这种液体加入油灯也会变得格外危险，所以，在石油工业发展早期，它都被当成废料丢弃。后来，当我们更了解它的优点时，它就成了香饽饽，特别是将它和空气混合后再点燃，能产生足以推动活塞的热气体。再后来，它被命名为汽油，而我们现在将它作为汽油发动机的燃料。

含有9至21个碳原子的分子大一点，可以形成比汽油沸点更高的清澈透明液体。它蒸发的速度比较慢，也没那么容易被点燃。不过，因为每个分子都很大，所以当它和氧气发生反应的时候，更多的能量可以释放出来，还是以热气体的形式。它不容易被点燃，除

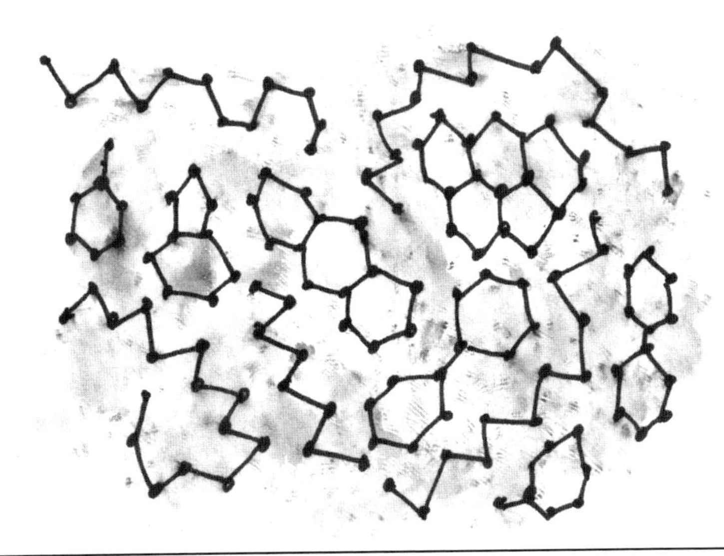

●原油中包含的烃类分子混合物（图中只显示了碳原子）

非将它喷入空气中。它在突然变成火焰之前，还可以被压缩至较高的密度。这是由鲁道夫·狄塞尔（Rudolf Diesel）在1897年发现的，最终这一液体以他的名字命名，并成就了他的伟大发明——柴油机，那是20世纪最成功的发动机。

不过，在石油工业早期，也就是19世纪中叶，柴油发动机还没有被发明出来，人们反倒迫切需要用作灯油的可燃物。在寻找这种油的时候，生产商制造出了一种液体，其分子中的碳原子数量在6至16之间。这种液体介于汽油和柴油之间，具有柴油的优点，不会快速挥发，也不会形成易爆的混合物。但它仍然是黏度很低的流体，就像水一样，因此芯吸效应十分显著，这使得被点燃后的火焰异常明亮。这种液体物美价廉，也不用依赖橄榄树或鲸。它就是煤油，最完美的灯油。

和炸药一起飞行

但煤油安全吗？我的意识有一些神游。我试着按照苏珊暗示的那样放松一些，但注意力又被转移到乘务员身上。他们开始讲解安全须知中有关救生衣的部分。现在，他们都穿上了救生衣，并做出吹气的样子。此时我很想知道，紧急迫降在海上，生还后漂浮在水面上是什么感觉，或许还是在晚上。我也很想知道，当这样的事故发生时，飞机油箱中的航空煤油会怎么样。会爆炸吗？

我知道，有一种液体肯定会爆炸，那就是硝化甘油。和煤油一样，硝化甘油也是无色透明的油状液体，它最早是由意大利化学家阿斯卡尼奥·索布雷洛（Ascanio Sobrero）在1847年合成的。硝化甘油没有杀死他，简直就是个奇迹，因为这是一种异常危险的不稳定化学品，很容易发生意外爆炸。阿斯卡尼奥被硝化甘油的潜在用途吓坏了，对此守口如瓶整整一年，甚至还试图阻止其他人制造它。然而，他的学生阿尔弗雷德·诺贝尔（Alfred Nobel）也发现了这种液体的潜力，并认为它可以替代黑火药。最终，他成功地将硝化甘油由液体变为固体，使它更易于被掌控，不会突然爆炸（尽管如此，他的弟弟埃米尔还是因此丧生）——炸药诞生了。炸药重塑了采矿业，也让他成了富豪。在炸药出现以前，采矿企业只能派工人去挖掘隧道、矿井和矿洞。阿尔弗雷德·诺贝尔用自己的财富（或者说是一部分财富）创立了世界上最著名的奖项——诺贝尔奖。

与汽油、柴油和煤油一样，硝化甘油也是由碳原子和氢原子构成的，不同的是，它还含有氧原子和氮原子。由于这些原子的存在以及它们在分子中所处的位置，硝化甘油变得极不稳定。如果分子因为冲击或振动而受到压力，就很容易裂开。出现这种情况时，氮原子会结合在一起形成气体（氮气），分子中的氧原子会和碳原子发生反应后形成二氧化碳，氧原子还会和氢原子反应形成水蒸气，最后剩下一点氧气。当分子分解时，硝化甘油内部会产生冲击波，这就让邻近的分子也开始散架，并产生更多气体，进而持续产生冲击波。最终，所有的硝化甘油分子都在这个链式反应中分解了，这一

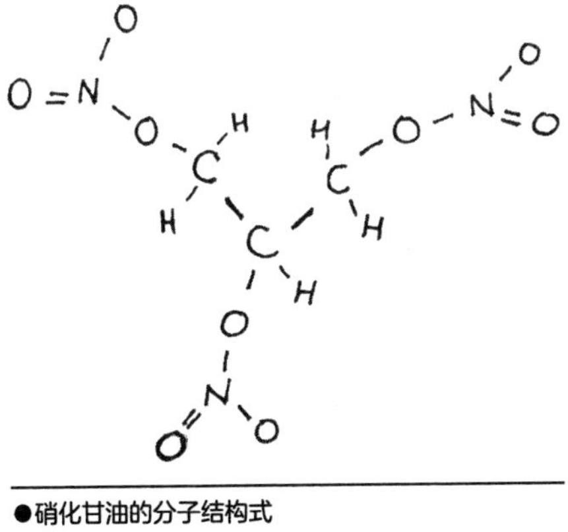

●硝化甘油的分子结构式

过程的发生速度是声速的30倍，液体几乎是在一瞬间变成了很热的气体。气体的体积是液体的上千倍，因此膨胀得非常迅速，从而形成惊人而又剧烈的热爆炸。第二次世界大战期间的大多数破坏，都是硝化甘油型炸药被广泛使用造成的。

只允许乘客携带低于100毫升的液体登机，是为了防止有人将大量类似硝化甘油的液体爆炸物带上飞机，这些液体爆炸物足以炸毁整架飞机。当然在这一限量以下，硝化甘油还是会爆炸，只是不足以让飞机坠毁。不过，一想到每升航空煤油中蕴含的能量是硝化甘油的10倍，而飞机油箱中有几万升的煤油，我还是会不寒而栗。

不过，航空煤油并不是爆炸物，它不会自发爆炸。与硝化甘油不同，它的分子结构中不含有任何氧原子或氮原子，因此相当稳定，不会无缘无故爆炸。你可以猛砸它、挤压它，甚至用它冲凉，都不会发生爆炸。航空煤油与它那个威力小一些的“兄弟”硝化甘油不同，如果你想驾驭它，就还得让它和氧气发生反应。煤油与氧气进行反应时，会产生二氧化碳和水蒸气，但是因为该反应会受到接触氧气的限制，所以燃烧是可控的。

煤油蕴含着超强的能量，而我们能用可控的技术手段燃烧它，这让它成为一种重要的液体。目前，全球每天大约会消耗10亿升煤油，主要是用在喷气式飞机的发动机和火箭上，但在很多国家，它仍被用于照明或取暖。在印度，还有3亿多人在他们的家里使用煤油灯照明。

不过，尽管我们总以为自己已经控制了煤油，但它还有危险的一面。2001年9月11日的恐怖袭击，就是一个典型的例子。那一天我在家里，难以置信地盯着电视。说实话，我记不清我看到的是第二架飞机撞入双子大厦其中一座的现场直播，还是一段新闻的回放剪辑，但它实在令我震惊。我目瞪口呆地站在电视机前，试图去消化这段画面。两座大厦起火了，有报道称，还有别的飞机撞向了其他地方。情况似乎已经不能再糟了，不过很快传来了更坏的消息：第一座大厦轰然倒塌，像是巨兽的慢动作，紧接着，第二座大厦也倒塌了。我们本应为此做好准备，至今却依然麻木。

是飞机上的燃料引起了大厦的倒塌。那不是一场爆炸，因为煤油是稳定的。FBI（美国联邦调查局）通报称，大厦的楼板被破坏，风便由此处吹进来，煤油与随风潜入的氧气发生反应，将楼板加热到800℃以上。这个温度足以将大厦的钢结构熔化，虽然钢材的熔点在1500℃以上，但是在800℃时，钢的强度会下降到正常强度的一半，于是钢结构开始变形。一旦有一层楼板变形，整座大厦就会坍塌到下一层并造成新的变形，如此一层接一层地坍塌，就像纸牌屋一样。共有2700多人在双子大厦的坍塌中死亡，其中包括343名纽约的消防员。这一系列的恐怖袭击在世界史上极具象征意义，不仅因为它们引发了战争，恐惧也随之而来，还因为这些大厦的倒塌有力地象征着文明的脆弱。而参与这场大毁灭的破坏分子，就是飞机上的航空煤油。

所以你可以看出，为什么我认为航空煤油应该在安全须知中被提及。但直到安全须知刚刚播报完毕，他们还是没有提一句飞机上有15万升航空煤油的事，更没有评价这种液体的两面性。怎么说呢？一方面，它是一种十分普通、透明的油，非常稳定，你甚至可以朝油箱里扔一根点着的火柴，它也不会被点燃；另一方面，当它与适量的氧气混合后，威力就会变得比易爆品硝化甘油还要大10倍。我的邻座苏珊看起来并没有因此感到困扰，她依旧深深地沉浸在书中。

虽然航空煤油并没有在安全须知中被提及，可不管怎么说，我还是知道航空煤油就藏在飞机里。你仔细想想便会发现，安全须知播报不过是一种我们所有人都会举行的全球化仪式罢了，无论我们是何种种族、国籍、性别或是信仰何种宗教。在煤油被点燃并推动飞机起飞之前，我们都会参与其中。乘务员通过安全须知告诉我们飞行中的风险，如水面迫降，但那其实是非常罕见的，哪怕你每天都在坐飞机，一辈子可能都不会遇上一次。所以，这些并不是真正的安全须知。就像所有的仪式一样，语言经过重新编码，并包含了一系列特殊的动作和使用道具。在宗教仪式中，这些道具通常是蜡烛、香炉和圣餐杯；而在起飞前的安全仪式中，它们是氧气面罩、救生衣和安全带。这项仪式传达的信息是：你即将做的事情是极度危险的，但是工程师们为你提供了几乎安全的保障。“几乎”一词，通过殷勤的动作和前面提到的道具得以强调。这项仪式在你的日常生活与当下的命运之间画出一条界线。平时，你可以保护自己的人身安全；现在，你却将控制权出让给一群人以及他们的工程系统，因为他们掌控着这个星球上威力最大的液体之一，它可以将你射入高空，飞抵你要去的地方。换句话说，你必须绝对信任他们，你的小命就捏在他们手中。所以，每趟航班起飞前的安全须知播报，本质上是一场获取信任的典礼。

飞机就是现代版的阿拉丁神灯

乘务员开始沿着过道走过来，检查乘客的安全带是否已经正确系好，行李是否已经装好。我知道这场安全仪式已经接近尾声了，正在进行最后的祈祷。我庄严地向乘务员点头示意，而飞机已经来到了跑道上，准备起飞。这1000多年来积累的知识，被用于将液态的煤油转化为飞行动力。

如果你也曾吹起一只气球又将它放开，任由它“嗡嗡”作响，一边排出气体一边在房间里乱飞，你也会获得喷气式发动机的创造灵感。将压缩气体朝着某个方向排出，气球就会被推向反方向，这当中蕴含着牛顿第三运动定律，即任何作用力都会产生大小相等、方向相反的反作用力。不过，在飞机中储存足够的压缩气体，是很不经济的做法。幸运的是，英国工程师弗兰克·惠特尔（Frank Whittle）找出了解决这一问题的方法。他认为，既然天空中已经充满了气体，飞机就没有必要自己携带气体，只需要在飞行的时候将天空中已有的气体压缩，再将其向后喷射。唯一需要的，是一台可以压缩空气的机器。你在登机时会看到这种压缩机挂在机翼下方，它就像一台巨大的风扇。它的确是风扇，但在你看不到的机械内部，还有10台甚至更多的风扇，每一台都比前一台小一些。它们的功能是吸入空气并将其压缩。在那里，压缩气体会进入位于发动机中心的燃烧室，与航空煤油混合并被点燃，形成一股热气流，从发动机的后部喷出。这种设计的精巧之处在于，热气体从发动机中喷射出去时，其中一部分气体的能量被用于旋转涡轮组，正是这组涡轮推动着发动机前部的压缩机旋转。换句话说，在空中飞行的时候，发动机从热气体中获取动力，进而收集并压缩更多的空气。

从发动机后部喷射出的气体，为我们这架重达250吨的飞机加速。当你坐在一架飞驰的飞机上望着窗外时，你总是很难感受到它究竟有多快。经过跑道上的每一处隆起时，机翼都会笨拙地振动或摆动，完全看不出它即将在空中展现出工程学的优雅美感。速度达到每小时约128千米时，机舱中“嗒嗒嗒”和“呜噜噜”的声音会让人有些惊慌。如果我没坐过飞机，那么这个时候我很可能会怀疑自己是不是永远也不会着陆了。

煤油中蕴含的能量推着我们向前，越来越快，一种比硝化甘油威力更大的燃料正以每秒4升的速度被消耗着。直到此时，我们的飞机才靠近约3.2千米长的跑道尽头，速度达到了每小时约256千米。按理来说，这是本次航班最危险的时刻，前方已经没有多余的跑道了，如果我们不能尽快升入空中，就将冲出跑道尽头，带着油箱中成千上万升液态煤油，一头扎进附近的大楼之中。还好，我们就像湖面上起飞的天鹅一般，矜持地爬升到了空中，仅仅用了几秒钟，就把地面上所有的建筑、汽车和人群抛在了身后。这是飞行中我最喜欢的时刻，特别是穿过伦敦的低云层，拥抱明媚阳光的那一刹那。那一天也是如此，这种感觉，就像来到了另一个王国，我乐此不疲。

从某种程度上说，飞机就是现代版的阿拉丁神灯，煤油便是藏在里面的“妖怪”，满足你飞往世界任何地方的愿望。带着你飞翔的不是魔毯，而是一种更棒的“法宝”——机舱。它保护你不受严寒和劲风的侵扰，让你在旅途中更舒服地休息，甚至是好好睡上一觉。

当然，和所有妖怪一样，它也有黑暗的一面。我们迷恋于煤油蕴含的强劲动力，但是飞行以及各种依赖原油的产品为全球气候带来了一场浩劫，地球正在快速升温，因为人类燃烧的煤油等燃料排放出了大量二氧化碳气体。目前，全球每天会消耗160亿升油品。能否找到一种将妖怪重新送回瓶中的办法，无疑是21世纪最重要的课题之一。

不过，坦白讲，当我飞上云端时，我并没有再思考这个问题，只是不住地对云景啧啧称奇，等待着小推车到来并喝上一杯饮料，而它此时还在过道中缓缓前行。

第二章　令人迷醉的葡萄酒、香水

在我们到达12 000米的巡航高度前，我一直非常享受，坐在靠窗的座位，向下看着一片片云彩，阳光掠过它们照进了机舱。我把头转到另一侧，正好撞见了邻座的凝望，她刚好也在盯着窗外欣赏。

“这个时候要是能跳出去一定很爽，落进那些松软又温暖的大‘棉花糖’里，对吧？”我说。

“可它们并不暖和啊。”她反驳道。

“呃，你说得对，确实不暖和。”我说，“抱歉。”

我的天，我真那么说了？我心想。那是一杯酒吗？它是不是已经钻进我的脑子里了？我看了看面前绿色小塑料瓶的标签，刚才喝的液体确实是用霞多丽葡萄酿制、产于澳大利亚的葡萄酒，它的介绍是“香味浓烈，有香草奶油般的余味”。我呷了一口，试着品尝这酒的味道。然而，香草味我没有尝到，倒是有点儿酸味，还夹杂着一股花香。我再次查看了标签，上面写着酒精含量为13%。

醉，是“中毒”的表现

乙醇的化学性质与煤油很相似。首先，它们都可以燃烧，如果你曾试过火焰甜点，应该已经见识过这一点了。通常，人们会用白兰地加工这类奇妙的美食，因为这种酒的乙醇含量很高，一般是40%。正是它在你的甜点上方，燃出浅蓝色的火焰。

纯乙醇也是非常易燃的，还被用作汽车燃料。巴西是采用甘蔗生产乙醇的主要基地，并将乙醇产品用于交通工具。巴西也是使用可持续性生物燃料最多的国家之一，国内约有94%的客车都使用了不同比例的乙醇。乙醇的制造过程是这样的：先将甘蔗榨成汁，再用酵母发酵甘蔗汁。葡萄酒和啤酒的制作也采用了同样的工艺。酵母消耗了甘蔗中的糖分，并产出乙醇。若是用作生物燃料，乙醇还会被精炼，得到纯乙醇。生物燃料的使用在其他国家并没有像在巴西那样普遍，一方面是因为化石燃料生产起来要便宜得多，另一方面则是因为生产乙醇需要足够多的土地，以满足整个国家交通系统运转的需求。因此，绝大多数国家种植乙醇作物，主要是为了生产饮品。

在葡萄酒、啤酒、烈酒这些风靡全球的饮料中，乙醇是重要成分。但乙醇是有毒的，也正是它的毒性让人迷醉。醉，本来就是“中毒”的一种表现。乙醇的毒素会抑制神经系统，并导致认知功能与运动功能丧失，还会让人失去控制。奇怪的是，抛开这些严重的生理影响，轻微中毒的感觉竟如此让人陶醉。对我来说，它让我变得不那么紧张，忧愁少了，脸上也露出了笑容，要是喝得再多一些，便会毫无顾忌地手舞足蹈了。实际上，在结束了一周的辛苦工作后，没有什么能比醉人的饮料更让我感到愉快了。“喝掉我吧！”一瓶葡萄酒说，“只要一点点，世界就会变得大不一样。”

“醇”是对一系列分子的通称，就像汽油和柴油那样，它们含有碳和氢。不同的是，还有氢原子与氧原子与之相连，这些额外连接的原子被称为“羟基”[(1)]。不同醇类的分子尺寸差异很大，我们平常喝的乙醇有两个碳原子，“乙”在化学上通常代表“二”。醇是一种极性分子，也就是说，分子中的电荷出现了分离。对醇类而言，出现这一情况是因为羟基。水分子中也含有羟基，也是极性分子。这一相似性使乙醇易溶于水。酒瓶标签上的“酒精含量”其实是在告诉

(1) 羟基是有机化学中的一种官能团。官能团是指当某几个特定结构的原子出现时，分子总会表现出的某种性质。

你，你准备喝的饮料中溶解了多少乙醇。而我正在品味的霞多丽葡萄酒，含有13%的酒精。

虽说乙醇分子的一侧与水相似，但另一侧，也就是羟基结构那一部分，与油类以及脂肪分子很相似，而这些正是你身体中细胞的保护层。这样的相似性使乙醇越过细胞膜的防御，而且它很小，可以偷偷穿过胃壁细胞，直接进入你的血液。饮酒的时候，摄入的乙醇大约会有20%穿过你的胃壁直接进入血液，所以你在喝下它之后，几乎可以瞬间产生生理反应。

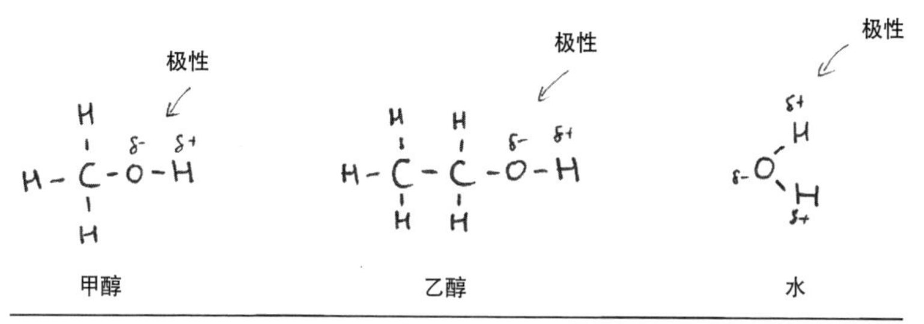

●甲醇与乙醇的化学结构对比，两者均为醇类。甲醇有一个碳原子，而乙醇有两个，两者都是极性分子，并含有一个羟基，也就是末端的-OH。水也是极性分子，这一相似性使甲醇和乙醇均能在水中很好地溶解

这也可以解释我对苏珊说的荒唐言辞，想到这里，我迅速地朝她的方向瞟了一眼，看她是不是被叨扰了。她依旧沉醉在她的小说之中。她有一头灰色的短发，戴着红框眼镜，身穿黑色T恤，至于年龄，我猜大约55岁。她的T恤上有一小撮掉落的毛发，看起来明显比她自己的更长。是她爱人的头发吗？我想知道，是不是他们在机场拥抱告别时，不小心蹭到了衣服上，或者，那是从她的宠物狗身上脱落的毛？

狗喝下乙醇后也会迷醉，所以专供宠物在节日享用的无醇酒在市场上越来越受欢迎。人也可以喝无醇酒，尽管根据我的体验，它们喝起来一点儿也不像酒。不过，这说明了普通葡萄酒在多大程度

上依赖酒精来平衡葡萄汁里的甜味与果味。正因为如此，葡萄酒才有了成熟与专业的气息。乙醇让葡萄汁变成了一种成人饮品，它的确是一种毒药，但它的魅力让我们心甘情愿地为之臣服。

我感觉有些醉了。但是因为我已经有一段时间没吃东西了，所以还会醉得更厉害。没有食物拖慢乙醇通过胃的脚步，于是它现在已经到了我的小肠中，在那里进入我的血液，然后拜访我的肝脏。肝脏负责处理这种毒素，但它只能以一定的速度代谢乙醇，大约是每小时一杯酒（这取决于你的身材）。如果你喝酒的速度快，那么乙醇进入血液的速度也快，直到超过肝脏处理它的速度，这样它就会渗透到其他器官，在你身体的各个部位施展威力。比如，乙醇对大脑的影响是因人而异的，取决于你喝了多少、你的精神状态，以及其他生理状况。不过通常来说，乙醇会抑制你的神经系统，让你不再感到压抑，心情变得好起来。

乙醇也会影响其他器官。它会暂时削弱心肌的舒缩力，让心脏的跳动不再那么有力，从而使你的血压降低。当血液循环到你的肺部时，血液会从你吸入的空气中带走氧气，一部分乙醇分子就会越过细胞膜，随着二氧化碳一起从你的血液中排出。当你呼气的时候，乙醇蒸气也在其中，所以你能闻出来某个人刚喝过酒。测试某人的呼吸中是否含有乙醇，其实就是酒精检测仪运用的原理，交警用它来测试你是不是在酒驾。

香水里的致命毒素

虽说呼吸时呼出的酒味并不好闻，但乙醇的另一面，也就是更接近油而非水的那一面，为我们提供了一种相当芬芳的液体——香水。从佛手柑与橙子等植物中提取的精油，从没药中提取的树脂，以及麝香这样的动物源物质，都可以溶解在乙醇中制成香水。当你将香水擦拭在温暖的皮肤上时，乙醇就会挥发，精油却留在了你的身上，缓缓地向空中飘散，将你笼罩在自己喜爱的香味中。机场候机厅中堆积如山的各种香水，全都充满了乙醇。如果你实在想要买醉一场，也可以去喝香水，因为它们对你造成的影响也会和伏特加一样。不过，你还是小心一点儿比较好，有些廉价香水中会含有甲醇。

甲醇是最小的醇类分子，只有一个碳原子，不像乙醇那样有两个。这一点儿小小的差别，显著地改变了它的药理活性，也使甲醇的毒性远远大于乙醇。一小盅纯甲醇就可以使一个人永久性失明，三盅便可以置人于死地。之所以会这样，是因为甲醇一旦进入你的身体，你的消化系统就会将它代谢为甲酸和甲醛。甲酸会攻击神经细胞，特别是视神经细胞。如果你喝了太多，视神经细胞就会被严重破坏进而导致失明，这也是英语中管“烂醉”叫“瞎醉”的原因。甲酸也会冲向你的肾脏和肝脏，并造成永久性的伤害，也许会致命。

甲醇是在酒精饮料发酵期间产生的，特别是伏特加和威士忌等烈性酒。不过，通过一些酿造工艺可以将它去除，所以你一般不会在市面上出售的烈酒中看到它。但如果你要制作诸如摩闪[(1)]、胡齐[(2)]、炮厅[(3)]或者其他私酿酒时，就得非常小心了。这些饮品通常是由玉米、小麦或土豆的淀粉发酵而成的，由此得到的低浓度乙醇混合物被称为“原浆”，随后连接到蒸馏器的管道系统，加热后得到含有高浓度乙醇的酒。最开始从蒸馏器中蒸出的液体是浓缩的甲醇，你必须将它丢掉。有经验的私酿师知道这一点，但每年还是会有一些人因为第一次酿造“摩闪”没有经验而死亡。

有些想喝便宜酒的人，偶尔也会饮用那些容易买到的含乙醇的

---

(1) 也叫月闪，是一种美国常见的私酿酒。

(2) 泛指劣质的私酿酒。

(3) 一种著名的爱尔兰私酿土豆酒。

液体，比如防冻液、清洁剂和香水。这可不太行，不仅是因为这些液体尝起来很恶心，更是因为，既然它们不是饮品，那么厂商就不一定会去除其中的甲醇，所以饮用它们很可能酿成悲剧。比如，在2016年12月，俄罗斯有58人因为饮用一种有香味的沐浴露而丧命。害死他们的不是那些香精，而是甲醇。

此刻在飞机上，饮料推车再一次经过，我很确定上面的酒精饮料几乎不会含有甲醇。当乘务员靠近我们的时候，她问我们是否需要一些饮料佐餐，于是苏珊点了白葡萄酒，而我选择了红葡萄酒。“我没法接受白葡萄酒里的香草味，”我对她说，“看看你是不是能交上好运。”苏珊笑了，然后把她的酒一饮而尽，还举起空杯子朝我示意。但她什么也没说，又去读她的书了。看到我开始冷静下来，她似乎很开心，我也如此。很显然，乙醇是一种让人放松的药剂，也是一种社会润滑剂，还是一种毒品，不过是被法律允许的。它为社会带来的好处大于它造成的问题，至少我们是这么认为的。微醺的时候，人们更放松，但也可能变得更有对抗性。不管是哪种情况，人们做出理性决定的能力都会下降。这不禁让你去思考，为什么喝醉的风险没有在起飞前的安全须知中提及？很显然，在紧急事故中，醉汉的处境更危险，他们不容易做出正确的决定，甚至影响他人。但是，人们真的相信安全须知是关乎安全的。正如此前说过的，我可不信。

吃饭时为什么要喝酒？

虽说喝酒可能不会提高你的安全系数，但它还有别的用途，其中一个用途就是乘务员刚刚提示的：它是一种传统的佐餐饮料，除了自身的美味，它还能充当一种高效的味觉净化剂，让食物变得更可口。葡萄酒很重要的一大风味就是它的涩味，那干涩的感觉让人唇干舌燥。石榴、泡菜以及未成熟的水果都是带有涩味的食物。葡萄酒中的涩味是由单宁造成的，单宁是一种来自葡萄皮的分子，可以将唾液中那些滑腻的蛋白分解掉，使你的口腔变得干涩。不过，饮料中轻微的干涩口感还是令人愉悦的，特别是搭配高脂肪食物一起食用的时候。脂肪会让口腔变得更滑腻，除了能让菜肴显得更昂贵、更奢侈，它们还会掩盖你的味觉，让你的嘴角黏糊糊的。涩味正好抵消了这种油腻感，清洁了口腔，将食物的余味去除，从而让你的味觉重新回到中性状态。

研究表明，一边吃高脂肪食物，一边呷着涩味饮料，味觉净化效果最好，这样可以避免干涩的口感不断加重，因为高浓度单宁在化解着脂肪的油腻。也就是说，一边喝红葡萄酒，一边吃牛排或三文鱼这类脂肪含量较高的鱼，是很棒的搭配，别管其他人怎么说。人们认为红葡萄酒会压制鱼的美味，所以总是建议喝白葡萄酒。但事实上，白葡萄酒在红葡萄酒的基础上叠加了其他的风味（如果味、香草味等），因此，这条通用法则就不再适用了。更重要的是，当你选择一种佐餐酒的时候，你应当考虑一下酒的酸度和甜度。人们用酸度来衡量一种酒的酸性，用甜度评价酒在嘴里的干涩感。比如，有些人更喜欢能够中和食物苦味的葡萄酒，那就应该用一杯干而酸的酒佐餐。再比如，浓郁的白葡萄酒里奥哈与油光闪闪的火腿是绝配，而红葡萄酒黑比诺则与地中海炖鱼很搭。

在很多饮食文化中，食物并不与葡萄酒搭配，而是佐以伏特加这样的烈酒。烈酒是一种十分高效的味觉净化剂，因为它们含有高比例的乙醇，一般可达40%，而这也是涩味的来源。乙醇也能溶解口腔中的油脂，并清除它们的味道。进食时饮用纯烈酒的好处是，它们的味道很淡，这样就不会和腌鲱鱼这样气味浓烈的菜肴产生冲突。

纯伏特加之所以没什么味道，主要是因为它们的气味很淡。尽管酸、甜、苦、咸、鲜这些基本味道是由你的味蕾探测出来的，但食物和饮料中复杂的风味却是由你鼻子里数以千计的嗅觉受体探测到的，这便是酒香的重要性，难怪葡萄酒爱好者总是在喝之前还要闻一闻。你尝出来的大多数风味，其实来自酒的气味。这也可以解释为什么葡萄酒杯会被设计成大碗的形状，因为这样可以留住酒的香气，供你品味，令你愉悦。

当你吃东西的时候，口腔的味道会在很大程度上掩盖食物本身的风味。感冒的时候，你吃任何菜都感觉无味，就是因为黏液覆盖了你的嗅觉受体。这还能解释为什么酒的味道在不同的温度条件下会有所不同。喝冰镇酒时，只有一些极易挥发的物质会在你的嘴里挥发，那是你仅能品尝到的风味。但当你把酒加热了之后，味道就不一样了。热量会让酒中更多的气味物质挥发，葡萄酒的香味因此而改变，味道也随之变化。人们觉得红葡萄酒与白葡萄酒的味道大不一样，其中一个主要原因就是，它们是在不同的温度下被饮用的。同时将这两种葡萄酒降温，然后闭上眼睛品尝，你就会明白我的意思。在更低的温度下，很多果香分子会待在液体中，而不是散发香味。温度会改变风味的平衡，使酸度和干度更突出，因此很多人会觉得酒的味道更加清爽、分明。味觉与冰镇效应结合，会让人感到非常愉悦，这是一种品味白葡萄酒的经典体验。在室温条件下品尝同样的酒，味道会完全不同，酸度会被果味削弱，两种味道热情地拥抱在一起，这让酒的口感不再清爽，反而变得更温和。这根本没有什么对与错，完全取决于你的个人偏好。

我在飞机上饮用的小瓶包装红酒大约有22℃，而我刚刚将它倒进玻璃杯中，它的温度会慢慢调节至机舱的温度。

我让葡萄酒在杯中打转，由此估测其中的酒精含量。我寻求的是马拉戈尼效应，即当酒从杯壁流回的时候，会形成“酒之泪”。比起玻璃杯，葡萄酒中的乙醇有降低玻璃杯表面张力的作用，当酒液流过杯壁时，会形成一层薄膜。薄膜中的乙醇很快便挥发了，留下一片乙醇浓度较低的区域，其表面张力会高于邻近区域。不平衡的张力会拽着液体分道扬镳，从而形成“泪点”。葡萄酒中的乙醇浓度越高，这种效应就越明显，因此你可以通过马拉戈尼效应看出葡萄酒的度数。我的红酒出现了明显的“泪点”，估计它酒劲儿不小，乙醇浓度可能高达14%。

我闭上眼睛，没有看标签就喝了一大口。你猜我能尝出什么？我发现它有强烈的果味，还有点儿像红酒的风味。它并不苦，但也不甜，用“均衡”形容它的味道似乎比较合适。我想说它是光滑的，但我指的是什么意思呢？很显然，它是一种液体，本来就是光滑的。我想我的意思是，它并没有让我的舌头感到干涩与刺痛，所以它不是涩味的饮料。我还挺喜欢它的，便去找标签，看看它应该是什么味道。

“紫红色，黑加仑与樱桃风味，略有树皮的味道。年轻单宁丰富，但并不艰涩，总体还算均衡，酒体轻盈，果味浓郁。”

●玻璃杯中的红酒出现马拉戈尼效应

“啊哈！”我感到一阵兴奋，迅速地瞅了一眼苏珊，看她是不是在读书。她刚刚还在读着，此刻却疑惑地抬起头来，我意识到自己刚刚念出声来了。看来我确实是有些醉了，但还没有醉到连喝醉都不自知的程度，刚刚好。

你的眼睛也在品酒

葡萄酒的味道更多地归功于它的外观（尤其是标签）以及它在文化上带来的联想，很多葡萄酒专家都不愿意承认这一点。研究表明，味觉是在大脑中形成的，除了口中的味蕾和鼻子里的传感器，味觉也会从大脑对食物味道的期望中获取信息。举个例子，如果有一个草莓冰激凌，用一些没有味道的色素改变了它的颜色，让它变成绿色的、黄色的或橙色的，那么人们再吃到这个冰激凌的时候，就会很难感受到草莓的味道。很可能出现的情况是，他们会品尝出与颜色有关的味道。如果冰激凌是橙色的，他们可能会尝出“橙子”味；如果是黄色的，便是“香草”味；而绿色通常是“青柠”味。当我自己这么尝试的时候，我即使知道眼前这橙色的冰激凌是草莓味的，可还是觉得像桃子味。显然，味觉是一种多感官体验，当大脑被输入多个来源的感官信息来构建食物的味道时，视觉占据了主导地位。

有许多理论可以解释为什么味道会深受视觉的影响。其中一个基本理论是从大脑理解香味的过程出发的。味道是由气味构成的，我们探测气味的速度大约只有视觉探测的十分之一，因此很难去辨别特定分子的气味。这可能是因为单一气味是由鼻子中的多个受体识别的。把某一物质与四五种其他味道的物质混合后，即使是受过训练、能通过气味检测出一些特殊分子物质的专家也会犯难。当你知道葡萄酒中有数千种特殊的风味分子时，你就能想到品尝葡萄酒会面临多大的挑战了。味觉并不能提供足够多的信息让你准确地区分出不同气味的混合物，玩一个简单的游戏会让你理解这一点。某天吃晚饭的时候，为一同进餐的客人们蒙上眼睛，请他们分辨你递去的一系列液体（如橙汁、牛奶、冷咖啡等）。游戏规则是，他们只能闻味道，但不能品尝或目测。有一些饮料很容易识别，但是对你的感官而言，其中的大多数都很难被准确地判断。在此之后，不要揭晓答案，而是让你的客人摘掉他们的眼罩，再用嗅觉和视觉识别这些饮品。当你可以用自己的视觉及嗅觉经验进行判断时，得出正确答案就容易多了。这个游戏说明了我们到底在多大程度上依赖视觉来识别气味以及视觉如何影响着味觉。

视觉在葡萄酒鉴赏过程中的重要性，在2001年于法国进行的一场科学实验中得到了完美的证明。由54名品酒师组成的小组分别对两种酒的香味进行鉴定，并做出评价。两种酒都是波尔多葡萄酒，一种是由赛美蓉葡萄与索维农葡萄酿造的白葡萄酒，而另一种是由赤霞珠葡萄与梅洛葡萄酿造的红葡萄酒。不过，品酒师们并不知道白葡萄酒中已经添加了红色素，于是他们认为刚刚闻到的两杯都是红葡萄酒。由此可见，颜色的影响在他们对葡萄酒的鉴赏中占据了主导地位。对两种酒进行描述时，品酒师们所用的词汇都是“辛辣的”“浓烈的”“黑醋栗味”之类的，尽管其中一杯酒是白葡萄酒，根本不会是这样的风味。

不过，无论我们怎么控制饮料的颜色，当它的味道与外观一致，符合我们的期望时，它往往会更受欢迎。同样地，它从什么样的瓶子中倒出，我们所处空间的洁净程度与氛围，以及提供服务者的个人魅力，等等，这些精致与高品质的结合都会改变我们的饮酒体验，特别是在喝葡萄酒的时候。实验证明，我们都会或多或少因为标签上的“精心酿造”而喜欢某种酒，或者因为在品酒之前听到了一些溢美之词，便会对它偏爱，比如它曾经得过什么奖。顺便说一句，获奖的葡萄酒非常多，在很多比赛中，厂商选送的绝大多数酒都会获奖。

如果你是那种对酒一无所知的人，当你在饭店手持酒单不知所措时，就把那些葡萄的名字、产地和生产日期想象成汽车参数吧。你的汽车用的是汽油还是柴油，它的发动机是1.4升排量还是2.0升排量，你对此在不在意都可以，因为这些细节未必是你要了解的。一辆车，能让你从甲地行驶到乙地，这才是最重要的。大多数中等价位的葡萄酒都可以完美达到你的饮用要求，“从甲地到乙地”的标准对一瓶葡萄酒来说，就是能作为一种令人愉悦的佐餐饮品，一种改变心情的媒介，或是过生日时的一种庆祝方式。但是，也许你不只是希望自己的车能带着你从甲地到乙地，你还希望拥有良好的驾驶感，比如，从街角呼啸而过，来一次顺畅的漂移。有一些酒，会比其他酒的味道更刺鼻，而“天然”葡萄酒这类酒，则是真正打破了你对葡萄酒口味的预期。没有所谓的“更好”的葡萄酒，它们只是有区别而已，因为所有的味道都是主观的，就像汽车（还有大多数生活用品）的价格一样，并不具备可靠的参考价值。当你品酒的时候，你就像是在驾车，享受的是一种多感官体验。同样，如果你买了一辆很贵的名牌车，其实是在为它的品牌价值埋单，而不是体验价值。很多人想拥有一辆价格十分昂贵的车，他们感到高兴，是因为汽车彰显了自己的地位。葡萄酒也是同理。高昂的价格并不意味着它是好酒或者好车，更不能证明它的主人有多懂行。所以，如果喝最贵的酒也不能让你兴奋，那就相当于你把这50英镑白白浪费了。大多数中等价位以及很多廉价的葡萄酒，其风味与高档葡萄酒一样复杂，前面提到的盲测已经证实了这一点。

与此同时，我在飞机上又喝下了一杯酒，还感到有些头痛。我不会已经喝醉了吧？或者我只是脱水了？乙醇在身体中引发的生理反应之一是抑制一种激素的分泌，而这种激素会告诉你你的肾脏该保存水分了。如果你不喝点水补充一下，就会因此而脱水。机组人员都不见了，我只好找出在候机厅买的那瓶很贵的水。瓶子被缓缓打开，发出“嗞嗞”的声音，我贪婪地喝了一大口，感觉真好。我向窗外望去，看到了飞机下方更大的液态水体，那是美丽的蓝色海洋，一直延伸到了地平线。

第三章　无坚不摧的波浪、液态核燃料

我手中塑料瓶里装着的水，与我透过机舱卵形窗看到的海洋之水相比，有很大的区别。这些区别并不只是体现在成分上，比如它们各自所含的盐分，也体现在行为上。地球上的海洋流动不息，既能兴风作浪，又能随风起浪；它们形成了云团与我们的天气系统，又反过来受其驱使；它们可以加热大气，但也能储存热量。海洋内部形成了巨大的全球洋流，并对我们的气候造成影响。所以，虽然是由相同的分子构成的，但是覆盖我们这颗星球表面70%的海洋，并不只是瓶装水的放大版。海洋完全就是巨兽。

巨兽，也许是形容它们最贴切的词。不管你是个多么优秀的游泳者，海洋都是危险的，要想一口气在公海上漂几个小时，可太难了。我的建议是，如果你发现自己被困在了海上，不要竭尽全力地与洋流搏斗。相反，你应该仰面漂浮，等待救援。尽管在我看来，用“漂浮”这个词来形容人在水中上下颠簸并不是很合适。“漂浮”是用来描述船的。船很宏伟，可以只将船体的一小部分浸入水中并四处航行。不管我如何尝试漂浮，大部分身体依然会被淹没。幸运的话，我可以勉强保持鼻子露出水面，像鲸那样喷气，同时吸入空气，不让水呛到我的鼻子，可就算是这样，也通常会失败。在我看来，真正的漂浮，不仅是躺在水面上休息，还要很轻松地做到这一点。但这不是标准定义，当然也不是2000多年前阿基米德在他的浴缸里发现浮力原理并喊出那句著名的“尤里卡”（“我发现了”）时所表达的意思。

阿基米德是一位古希腊数学家、工程师。他发现，当人进入浴缸的时候，水面会上升。原因十分明显：你占据了一部分水原来占据的空间。它不像泡沫垫那样，会在你的身下被压缩，而正因为它是液体，所以能在你身边流动，并钻到其他地方。在空间有限的浴缸里，它唯一可以去的地方，就是初始水位以上的位置。如果浴缸在你进入前就已经满了，那么水就会从浴缸的边缘溢出，流到地板上。这就是阿基米德那个著名实验的灵感来源。通过收集那些流入另一个容器中的水，你可以发现一些很有趣的事实：水的重量与作用在你身上的“浮力”相等。如果这一作用力比你的体重小，你就会沉下去；反之，你就会浮起来。这一条原理适用于任何物体。尤里卡！

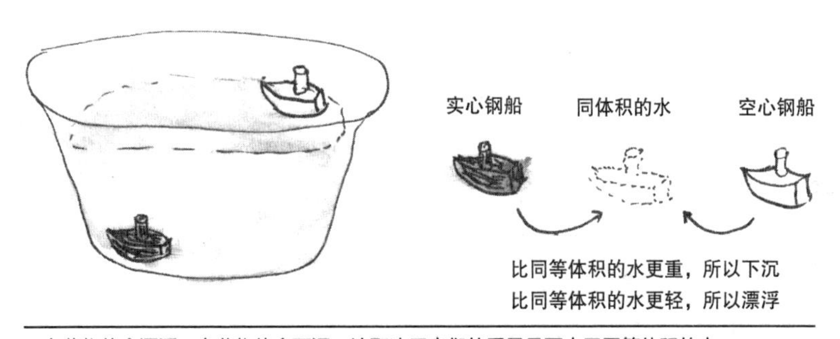

●有些物体会漂浮，有些物体会下沉，这取决于它们的重量是否大于同等体积的水

阿基米德发现的原理，能够让你通过计算物体排开的水有多重，来预测它会漂浮还是沉没。对实心的物体来说，你只需要比较物体材料与水的密度即可。比如，木头单位体积内的重量比水小，也就是说木头的密度更小，所以它会漂在水上。钢铁的密度比水更大，所以会沉没。想让钢铁漂起来，也不是没有办法。当你把钢铁做成空心的，你就可以用它来造船，这时它的平均密度就会比水小了，道理就是这么简单。阿基米德的伟大发现已经过去了2000多年，如今钢铁的价格对我们而言已经很低了，低到可以采用上述方案造出

真正的船。目前，我们的海洋货船几乎都是由钢铁建造的，它们运送着世界上90%的贸易货物。

我们怎么漂浮起来?

人体由不同密度的材料构成，既有高密度的骨骼，又有低密度的组织，还有一些地方是空心的。整体来说，我们身体的密度比水的密度要小一些，所以可以漂在水上。但是，如果你带了一些重物，调整了自己的密度，如一条金属质地的腰带，让自己的密度刚好与水相等，那么你在水中就会处于一种既不会漂浮也不会下沉的状态。浮力平衡，是水肺潜水时的理想状态。当你在水下达到平衡浮力时，既没有让你上浮到表面的净力，也没有让你下沉到海底的力。借助潜水设备，你实际上处于失重状态，可以自由地探索海洋深处的珊瑚礁和沉船残骸。这感觉和你知道的太空失重十分相近，所以宇航员都会在游泳池中进行训练。

没有潜水设备的帮助，人的身体便会漂起来。但是我们的身体只是比水的密度略小，所以90%以上的身体还是浸没在水中，以排出足够多的水来支撑我们的重量。胖子的浮力比瘦子更大，因为他们的脂肪相对骨骼来说比例更大，所以身体密度更小。潜水服也会让你的浮力增大，它们在你的身上套了一层厚厚的密度小于水的材料。在海水中游泳，比在游泳池里容易一些，因为其中溶解了诸如氯化钠或其他含盐矿物质。钠离子和氯离子进入液体后分离，并插进水分子之间。由于含有这些离子，水的密度也变得更大了，因此，比起纯水，你就不必排出那么多水来抵消自重。事实上，中东地区的死海含有的盐分特别高（是大西洋的10倍），在那里，你可以像鸭子一样在水面上下晃动。

●一名女子漂浮在死海海面上

一旦你能漂浮起来，你便学会了游泳，这是人生最大的乐趣之一。在水中，你不只是会失重，还可以像舞者一样滑翔。在水面下，还有一个隐藏的世界。忘掉登陆火星的巨额费用以及在外星球寻找生命的兴奋吧，从某种程度上来说，海洋对我们而言就是外星世界。戴上护目镜，钻入水中，快速蹬腿，我们就可以去造访它。游到蓝绿色珊瑚礁的深处，将会是你能做的最美妙的事情之一。鱼儿用厌烦的眼神观察着你，然后熟练地甩动尾巴，从你潜行的路线上躲开。游泳的时候，你向前方伸出一条手臂再用力拉回，会使你周围的水快速流动，快到这些水分子不能互相穿越，于是它们挤在一起，并对你施加作用力，正是这个作用力推着你向相反的方向前行。这就是游泳的本质，你的手臂和腿持续推动你身后的水，便出现了你被推向前的效果。这不仅仅会让人兴奋，本质上说，你已经变成一个不同的你。在陆地上，你可能会有些笨拙臃肿、步履蹒跚，可是到了水里，你却可以像海豚一样旋转滑行。你自由了！

冬泳的乐趣

我曾经住在都柏林的敦劳费尔，步行就能来到当地的“四十英尺[(1)]”游泳场。它位于都柏林湾的一个岩石海岬，那里因詹姆斯·乔伊斯的《尤利西斯》而闻名，一家游泳俱乐部已经在此经营了好几个世纪。1999年的一个冬日，我驻足此处，看到了各个年龄段的人跳进海里冬泳，不过大多数都是老年人。气温大约有12℃，而海水温度大约是10℃。当时我穿了一件大外套，然而当爱尔兰海的海风拂面而过时，我还是觉得有些冷。海浪撞到混凝土码头后高高蹿起，但这里还是有很多老年人跳入冰冷的海水中，医生或许还建议他们穿得暖和一些。等他们上岸擦干了身体，我便和其中一些人聊了聊。他们开心地微笑着，虽然冻得牙齿直打战，可还是掩饰不住内心的兴奋。他们告诉我，他们每天都在这里游泳，无论冷暖。不过，我

●在冰冷的海水里游泳

(1) 1英尺约等于0.3米。

在那里工作时发现，爱尔兰很少会有真正暖和的时候。

我决定加入他们，于是当天就买了一顶泳帽。在那之后，我每周都会在“四十英尺”游泳，一年四季都是如此。回过头看，这是我在都柏林居住期间最怀念的事情之一。但是，为什么我会如此喜爱游泳呢？

潜入10℃海水里的感觉并不舒服，很像是脸上被打了一记耳光。这样的水温算不上极度寒冷，但当你将自己的皮肤置于比它低大约25℃的水中时，水分子会带走热量。既然液体的密度比气体大，那么比起你仅仅暴露于空气中，在水里的每一秒钟都会有更多的水分子与皮肤接触，于是你温暖的皮肤因为热传导而造成的热量损耗也要严重得多。

让你感觉更糟的是水的另一个特性——比热容[1]。当水分子与热物体接触时，它们便会跳动得更加活跃，而这些振动便是我们所说的“温度”。所以，分子振动越快，水的温度也就越高。氢键将水分子紧紧地束缚在一起，以抵抗这种振动，因此，哪怕是让1升水的水分子平均温度提高1℃，仍然需要巨大的热量。从这个角度来看，比起加热同样重量的铜，加热水需要10倍的能量。水的超常热容可以解释为什么需要消耗更多的热量来泡上一杯茶，也可以解释为什么电热水壶通常是厨房里最耗能的设备。水的高热容超过除液氨外的任何液体，但这只是它影响我们的其中一方面。这一特性使海洋可以储存大量热能，所以海水的温度变化总是会比空气的温度变化滞后。因此，当都柏林迎来阳光明媚的一天时，气温可以升至22℃，而10℃的海水温度却很难有所上升。这就意味着，在冬季到来并再次降温之前，夏日的阳光并没有真正地让这片海域变得温暖，这对爱尔兰人来说有些可悲。不过，对人类而言，这倒是件好事，因为海洋的高热容可以让它们吸收

(1) 指单位质量的某种物质提高一定温度时所需的热量。

因气候变化带来的过剩热量。换句话说，海洋对气候变化有稳定作用，让冬天变得温暖、夏天变得凉爽。

但是，这些原因都不能真正解释为什么我会喜欢在寒冷的海水中游泳。我不是那种喜欢寒冷、潮湿环境的资深户外玩家，只是一名科学家和工程师，大部分时间都是在实验室或车间里度过的。或许这就是原因。大海是如此狂野不羁、不可捉摸，也许就是在无意识的驱使下，我想置身于一个与我日常生活截然不同的环境中。你潜入冰冷的海水后就必须游泳，从而保持活力与警觉。那种感觉很不舒服，它迫使你从清醒的理性思维中脱离。当你屏住呼吸时，你也就不可能再去担心失败的实验和没有依据的结论，更不可能沉浸在你失败的人际关系中。你的呼吸像是从你的身体中被剥离了，只因你选择潜入令人生畏而又不受控制的海水中。

当你在冷水中游泳时，对“体温过低”的担忧总是会在脑海中挥之不去。当你的核心体温降到35℃以下时，你便会出现体温过低的问题。你开始不由自主地打冷战，皮肤表面的血管收缩，将血液转送到主要的器官，于是你的皮肤开始变色。最开始是灰白色，然后你的四肢开始发青。在非常寒冷的水中，突如其来的冲击可能会导致你无法控制地快速呼吸、喘气，心率加快，由此引起心悸、恐慌、意识不清，甚至是溺水。即使你能够保持平静，在0℃的水中游上15分钟也是致命的，随着体温过低的情况出现，你的肌肉也会因此罢工。

从根本上说，我认为1月所有那些寒冷阴沉的早晨，是死神冰冷的手将我拽到了“四十英尺”，当时的平均水温只有10℃。如此近距离地靠近死神并戏弄它，然后毫发无损地从水中爬出来，这让我感到精力更加充沛。

在“四十英尺”的惊险遭遇

没错，几乎就是毫发无损，除了有一天，对我来说并不是太顺利。2月的一个星期六，我来到“四十英尺”，却发现那里异常冷清，那些常来的老年人也不在。潮水涨得很高，波涛汹涌，时不时还有一个大浪冲过来，砸在码头上，而我就在那里换上了泳裤。我不住地颤抖，皮肤被寒风吹得起了鸡皮疙瘩。我已经准备好要跳入水中了，可还是看着水面犹豫起来。此前，我从没有独自在这里游过泳，而此时海面比我曾经体验过的更为汹涌。我想，这也许就是今天其他人没来游泳的原因。几秒钟的迟疑稍纵即逝，我记得我又给自己打气：我真的如此害怕吗？大费周折地换完泳裤后，我居然不敢去游泳了？于是，我潜入了水中。

一如往常，我感到耳光打在了脸上，感到自己的身体正在承受打击，感到海洋正在吸走我的生命力。我总是用奋力游泳的方式来解决这些问题，于是我从海岬向外游，与迎面而来的海浪搏斗，试图无视那透彻肌骨的寒冷。我硬生生地杀出一条航路，然后停下来休息，不料一个海浪打在了我的脸上。我呛了一大口水，不断地咳嗽，发出急促而刺耳的声音，然后深呼吸。结果，又一个浪头拍到了我脸上。这一次，我窒息了。水顺着气管向下流，于是我开始扑腾，尽可能从水中往上爬，以便自己能够正常呼吸，哪怕只有几秒钟的时间。可是我做不到，风浪实在是太大了，始终把我按在水中。我惊慌失措，换气也变得急促，只好拼命地蹬着双腿以防溺水。紧接着，又一个巨浪袭击了我，而我的惊慌也变成了疲惫不堪。我赢不了了，我又冷又累。

就在这个时候，我撞到了岩石上。我已经窒息了，窒息了多久我也不知道。海浪和潮水将我推向了岩石，它们本来是用于加固“四十英尺”使其免遭暴风雪袭击的。这些岩石的每一块都有小汽车那么大，被吊车放置在合适的位置，从而形成了一座海岸堡垒。像我那样被冲到岩石上，本应竭力避免。当你即将撞上去的时候，要想控制速度几乎是不可能的，这几乎只取决于卷起你的海浪的大小、高度和速度，所以极度危险。然而，我总算得救了。因为撞到岩石，我身上留下了不少伤疤和瘀青，但也赢得了一个逃生的机会。但这并不容易，将我撞到岩石上的海浪退去，又把我拖离了海岸。我经历了三四次海浪的冲击，付出身体多处被刮擦、挫伤并流血的代价，才得以抓紧岩石爬上去，最终从大海中逃离。

我已经多次重温了人生中的这段经历，多半是在我凝望着美妙绝伦的大海时。但是，此时此刻坐在相对海面有12 000米高度的飞机上，我的无助感又被放大了。我知道，如果那天再多遭遇一个海浪，或是潮水将我带入海中而非撞到岩石上，我很可能就溺水了，很多人都是在类似的状况下溺水而亡的。我知道，自己当时犯傻了。当你从平流层向窗外望去，狂暴的大海似乎无边无垠，它有着将你淹没得无影无踪的能力，并在此刻暴露无遗。我转头看着苏珊，看看她是否有意抬起头来，聊聊有关大海、波涛或意外溺亡的话题，但她此刻正裹着毯子，膝盖抬起并贴到胸口，看着一部科幻电影，屏幕上，一艘宇宙飞船驶入某个巨大行星的轨道上。

巨浪是怎么形成的?

水体的大小，对波浪大小的影响非常大。当风从一个小池塘刮过时，会产生一股阻力，使风速变慢，同时反向作用于水体，由此在水面形成凹陷。水的表面张力会抵抗这种变化，就像橡皮筋会抵抗形变一样。一旦这阵风停了下来，就像橡皮筋的张力得到释放，再加上重力作用，水面很快就会恢复成原来的样子。水位下降时，会形成向外辐射的波纹，每一个水分子都会取代下一个分子的位置，下一个分子又会取代再下一个，以此类推。本质上，水波是能量的脉冲。能量本来自风，此刻却被“封印”在池塘的表面。它让池塘表面的水变得更皱，于是流经池塘表面的风所受的阻力也就更大。接下来，波纹互相叠加，被推得越来越高。波纹越高，将它们再次拽回的形变恢复力也就越大，池塘表面就越皱。但是，这些波纹的高度也是有限的，最终它们会撞到池塘的边缘，于是大部分能量被陆地吸收。不过，它们扩散的距离越长，达到的高度就越高，所以小池塘的波纹永远都不会很大，但在湖泊中，它们可以在风的作用下，从小波纹变成波浪。

波浪的最高点叫作波峰，最低点叫作波谷。它们之间的距离便是我们常说的波高。只要波的大小不及湖泊的深度，波浪就会毫无限制地一直扩散下去。不过，当波浪靠近岸边较浅的水域时，波谷就将与湖底发生相互作用，产生一种摩擦力，从而使波浪减速并迫使它分崩离析，任其拍打在岸上。

在数千千米宽的海面上，最初形成的波纹有足够的时间与空间成长为数米高的巨浪。从海面吹过的风，以每小时20千米的速度吹上两个小时，便可以形成30厘米高的海浪；若是以每小时50千米的速度吹一整天，就会形成4米高的海浪；如果是暴风，以每小时75千米的速度吹上三四天，就可以形成8米高的海浪。2007年，在中国台湾海域发生了一场台风，出现了有记载以来的最大浪，它有32米之高。

暴风期间形成的巨浪，在风暴减弱时并不会停止。就像池塘中的波纹一样，巨浪穿过整个海洋，波长就变得很重要了。波浪的波长是指相邻两个波峰之间的距离。在暴风发生的海域，因为所有波浪都相互堆叠在一起，所以波长也很难测定。暴风骤雨下的海面波涛汹涌，看起来就像是一个狂暴之水形成的移动沼泽。当暴风雨停歇后，波浪还是会继续前行，因为它们的波长不尽相同，扩散的速度也会有所差异。于是，当这些波浪穿越数百千米的海面时，它们便会基于相似的移动速度而被分为不同的小组。在同一组中，波浪平行前进。最终，每一组都将有序而规则地抵达海岸。所以，海滩上波浪粉碎的声音，其实是遥远海域上暴风雨的余音。这种美妙而又催眠的节奏，完全归功于海洋动力学的复杂性。

既然暴风引起的海浪可以在海洋中的任何地方产生，那么它们登陆时的方向通常都与海滩垂直，还是挺让人吃惊的。你肯定会想，它们应该以一定的角度登陆，这取决于海滩与海洋风暴发生地之间的连线。然而，事实并非如此，海浪太奇妙了。当波浪在深水区行进的时候，它的速度会保持恒定，因为几乎没有什么因素会让它减速。但是当它接近陆地的时候，海水变浅，波谷就开始和海床相互作用，使波浪的速度下降。与此同时，还没有接触浅水区的部分依然保持原有的速度。速度的差异，使波浪像爆了一只轮胎的车一样，改变了行进的方向。最终的结果就是，随着波浪与陆地接近，它们会发生转向，最终与海床的轮廓平行，近似与海滩垂直，因此，大多数海浪都是从同一个方向靠近海岸的。

能救命的“浅水效应”

冲浪者深谙此道。他们也知道浅水效应，这就是冲浪这种运动令人兴奋的原因。想象一下，你此刻正坐在冲浪板上观察海面，你真正需要做的，是探知波浪会在何时何地开始断裂。当波浪接近岸边时，因为遇到了浅水而开始减速，但这也会提升它们的高度，这便是浅水效应。海水越浅，浪头越高，直到波浪的陡度达到不稳定的临界点。因为它实在是太陡了，所以你可以借助冲浪板滑下来，就像顺着山坡向下滑雪一样。

冲浪需要掌控平衡，把握时机，还要了解一些波浪的特点。如果你想沿着波浪去冲浪，就需要波浪的一部分在其余部分之前先破碎。这就意味着，海床的轮廓要沿着海滩逐渐倾斜，因为波浪破碎的时间点取决于它行进途中的水深。你还需要了解潮汐，它会根据月亮以及太阳产生的引力，让海水的深度在同一天内发生变化。

总而言之，要想抓住海浪，就需要海上掀起一场风暴，形成足以穿越海洋的大浪。大浪在一天中最合适的时间抵达一片海床形状合适的海滩，与潮汐一致。然后，如果你恰好是在那一刻，穿好潜水服，手持冲浪板，一切准确就绪，就可能在岸边捕捉到一连串适合冲浪的海浪。这一系列因素组合在一起，也让冲浪成为极为特殊的体育运动，它要求冲浪者与海上的风暴、太阳、月亮完美匹配，当然还有他们正在驾驭的波浪。

即使你不是一名波浪“鉴赏家”，了解浅水效应也是很有用的，它也许能救你的命。2004年12月26日的早晨，泰国普吉岛的观光客们在海滩上行走时，注意到一些奇怪的事情。海水迅速退去，露出了平时淹没在水中的岩石，海湾里有些船因此而搁浅。孩子们看到这一切感到奇怪，他们的父母也是如此，而在此时，突然出现了一股巨浪，一股他们从未见过的海浪。不过，这一次他们开眼了。这也是由波浪形成的浅水效应，只不过这股波浪大得惊人。它是一场海啸。

在这场海啸发生前的几个小时，位于印度洋中间的地壳发生破裂，引发了一场里氏9.0级的地震。无论从哪个角度看，这都是一场大地震。据估计，地震释放的能量是广岛原子弹的一万倍。然而，因为发生地离海岸很远，并没有造成明显的直接损失或人员伤亡。但是地震不仅切断了地壳的板块构造，还使海床升高了好几米。于是，大约30立方千米的水被挤了出来。这水量大得惊人，相当于

1000万个奥林匹克游泳池里的水。就像人在浴池中突然移动会造成水来回流动，地震也让巨量的水开始流动。

波浪就是波浪，它们开始向四面八方运动，横穿海洋。当海啸发生时，如果你从飞机上向下看，也许不会感到过于担心。波浪在这么深的海水中扩散了如此远的距离之后，只有一个小“鼓包”可以被辨别出来。但是，你也许还是会对它们行进的速度感到警觉。由于这场地震强度大并在短时间内释放巨大的能量，这些波的传播速度与喷气式飞机差不多，达到了每小时480~960千米。靠近安达曼海的海岸以及岸边的浅水时，波浪的速度虽然变慢了，但浪却变得更高了，离海岸越近，浅水效应就越强烈。因为海浪有数百米长，所以海滩上的人们首先注意到的是海水被吸出了海面。如果他们了解这种现象，那就还有大约1分钟的时间跑到更高的地方去。然而，悲催的是，大部分人并不知道发生了什么，这与很多生活在海滩附近的动物不同，它们似乎可以感知到灾难的发生并逃之夭夭。

●海啸到来时的景象

那些还待在原处的人被第一股巨浪袭击，那可是抵达海岸时达10米高的巨浪。

最终，这场海啸造成沿岸15个国家的227 898人死亡。海啸之所以如此危险，不仅是因为它倾倒在海岸上的大量海水，还有水对它触碰到的一切事物所施加的作用力。1立方米的水约有1吨重，而海啸总共排出了300亿立方米的水。它把小屋、树木和汽车撕得粉碎并将其摧毁，从而形成一条碎片之河，横冲直撞。它卷起油罐和房屋，将它们摔到桥梁和高压电塔上，这些建筑物倒塌后引发了致命的火灾。被拖入海浪中的人们，被这些快速流动的碎片裹挟、撞击、旋转或挤压。很多人因此失去意识，或是受伤，很难保持漂浮的状态。与风暴引起的波浪一样，海啸也是一组接一组出现的，当第一股波浪（此时已经抵达内陆2千米的地方）被第二股靠岸的波浪拉回时，水流逆转，又将它们在行进途中捕获的人和碎片卷入了新一轮的袭击。

不幸的是，那些在这场灾难中的幸存者还要面对灾后的诸多挑战，其中水污染是最严重的问题之一。受海啸袭击的地区，淡水供应系统因下水道毁坏及海水侵入而产生毒性；受海浪袭击而死亡的数十万人必须尽快掩埋，以防疾病和病毒蔓延；由于海水长期侵入这一地区的耕地，庄稼也无法继续生长。

当核电站遇上海啸

不过，比起灾难性的2004年海啸，2011年发生在日本沿海地区的海啸更加强烈。这次海啸是由一场惊人的地震引发的，那是有记录以来的第四大地震，震中位于海里，距离日本最大的岛屿本州岛海岸70千米。陆地上有6分钟的震感，但最严重的危害是在这之后才发生的。地震引发的海啸袭击了海岸，摧毁了整个城镇，并撞上了福岛第一核电站。

福岛第一核电站建于1971年，共有6台核裂变反应堆。核反应堆由氧化铀棒制成，它们被捆扎在一起后置于堆芯中，反应堆以高能粒子的形式发出辐射。在核电站中，大部分能量都被用于加热水以产生蒸汽，从而驱动涡轮机来产生电力。核能的威力巨大，一组小汽车大小的氧化铀棒产生的电力，足以维持一座百万人口的城市运转两年。在2011年的海啸发生之前，福岛核电站的6台反应堆一年365天、每天24小时为大约500万人口提供电力。

日本拥有悠久的地震史，因为这个国家位于两个主要构造板块的交界处。福岛核电站建造时已经考虑了对地震的防御，事实上它也确实做到了。日本其余54台核反应堆也是如此。当2011年3月11日的地震发生时，核电站根本没有受损。然而，由于法律规定的安全预警措施，其中3台反应堆（1、2、3号反应堆）都自行关闭了（4、5、6号反应堆已经因为更换核燃料而关闭了）。可是将核燃料“关闭”是做不到的，当核反应堆停运后，它们依旧释放热量与辐射。它们需要有效的降温措施以防氧化铀熔化。在关闭反应堆期间，备用的柴油发电机所发的电，为循环冷却水泵提供动力。

最终，1.3万人在地震中死去，但是在地震停止后，反应堆关闭了，90%的人依然活着。50分钟后，13米高的海啸以每小时500千米的速度袭击了核电站。大水冲倒了核电站的防波墙，淹没了那些放置柴油发电机的建筑物，而它们此时正在给核燃料棒降温。发电机停机后，第二备用方案启动，一组蓄电池被用于提供动力。蓄电池的电量可以供反应堆的冷却系统工作24小时。通常情况下，这么长的时间已经足够重启柴油发电机或是增添更多蓄电池了。然而，这是日本进入现代社会后遭遇的最大海啸，它摧毁了所到之处的一切。水的巨大威力毁掉了4.5万栋建筑以及近25万辆汽车，让整个地区的道路和桥梁都变成一片狼藉。海啸袭击的地区陷入了停滞状态，向幸存者提供医疗救助变得极其困难，人们也无法及时将备用的蓄电池送到福岛核电站，以替换那些正用于冷却系统的电池。在海啸袭击24小时后，原有的蓄电池耗光电量，反应堆内部的温度开始上升。

当核燃料棒熔化时，它看上去就像熔岩，不过是更热的液体。熔岩从炙热的火山口喷发，通常高达1000℃。而液态的氧化铀核燃料更可怕，它是超过3000℃的白热状态液体，几乎可以熔化并溶解它接触到的所有物质。在福岛核电站，它将盛放它的25.4厘米厚的钢板熔穿，又穿透了至少一台核反应堆的混凝土楼板，继续前进。然而，这只是个开始。

反应堆中的核燃料被包裹在一种锆合金中。锆合金具有惊人的抗腐蚀性，除了在高温状态下。在3000℃的时候，锆合金会与水发生强烈的化学反应，并产生氢气。据估计，随着锆合金的彻底熔化，每一台核反应堆都将产生1000千克的氢气。3月12日，氢气与核反应堆所在建筑内的空气发生反应，引发了一场爆炸并摧毁了整个建筑群。

液体实在是太难控制了。最终，因核反应堆熔融而形成的大量放射性污染物，进入该地区的水体系统中，并排到了大海里。在那里，它们可以流淌到世界各地。因此，所有核废料工程师最关心的都是防止水进入反应堆的任何储存设备。尽管大多数核电站都建在大型水体附近，但不是因为这样更安全，而是因为更便宜。他们需要利用水进行冷却，水体拥有大量可以直接获取的水资源，这能让核电站产生更多的能源，节约经济成本。但是，正如我们在福岛看到的那样，当灾难发生时，水资源很容易受到大量放射性废弃物的影响。

这不仅是核电的问题。世界上几乎所有的大城市都坐落在海边，从历史上看，这是因为国家之间的贸易需要港口。但是全球气候变化导致海平面上升，海啸、飓风和风暴将会使这些城市及其密集的人口变得更加脆弱。避免我们受此威胁的唯一方式就是前往更高的陆地，或是飞入空中。这个吸引人的想法，是我坐上飞机的那一刻想到的，当时我正喝着水，悠然自得地俯视着辽阔的大西洋。

但是，飞机很快出现了颠簸。在恢复平稳之前，整架飞机的下降似乎持续了一秒钟。紧接着，又颠簸了一次，这次十分强烈，我手中的水从瓶口喷了出来，浸湿了我膝盖部位的裤子。

机长通过广播宣布："我们的飞机正在穿越一段气流。安全带标志已打开，请各位乘客回到座位上。待飞机平稳后，我们将恢复客舱服务。"

飞机再次颠了一下，让人有些眩晕，我的胃感到不太舒服。于是，我从窗户向外看，恰好瞥见机翼正在剧烈地振动着。

第四章　黏结万物的树胶、动物明胶、橡胶、强力胶

不管我在飞机上经历了多少次颠簸，我似乎永远都无法阻止自己在脑海中埋下恐慌的种子。理性地想，我知道机翼并不会因此而折断，我们乘坐的是有史以来技术最先进的客机之一，我甚至参观过机翼的黏合组装工厂，看到它们正在接受机械测试。尽管如此，我大脑中的理性思维还是被惊慌失措的神经元忽视了。我知道，出现这种情况的不止我一个人。这些年来，我已经不会告诉其他乘客，飞机是被黏合成的事实，他们一般不会因此获得安全感。

很多液体都具有黏性，也就是说，当你把手指放进这些液体中的时候，它们便会沾到你的指头上。油会沾上我们，水会沾上我们，汤会沾上我们，蜂蜜也会沾上我们。幸亏它们更容易沾上别的东西，所以毛巾才能发挥作用。当你冲澡的时候，水会顺着你的身体流下来，它没有弹开，而是沾在你的皮肤上，不顾重力的作用，迎合着你的胸部、腹部和臀部的曲线。这种黏性是由水与皮肤之间的低表面张力造成的。当水与毛巾的纤维接触时，就像碰到了细小的灯芯，正如烛芯会吸走液态的蜡，毛巾上微小的“灯芯”也吸走了你皮肤上的水，然后使你的皮肤变干，毛巾变湿。所以，液体的黏性并不是某种液体固有的属性，而是取决于它们与不同材料之间产生的相互作用。

不过，液体具有黏性，并不意味着我们就可以用胶水将飞机粘在一起。当你浸湿手指，沾一沾灰尘，灰尘就会沾在你的手上，直到水分蒸发完。水蒸发后便失去了黏性，这也就是为什么它虽然也有黏性，却不能称为胶水的原因。胶水一开始是液态的，但它一般

会慢慢转化为固体，从而将两个物体牢牢地黏合在一起。

彩色的胶水

这是一种人类已经玩了很久的材料。我们的史前祖先制作出了色素，比如碾成粉末的木炭或是红色赭石这样的天然彩色岩石，并用它们在洞穴的墙壁上作画。为了让它们粘在墙上，人们把色素与脂肪、蜡、鸡蛋之类的黏性物质混合在一起，于是颜料诞生了。颜料本质上就是彩色的胶水，人类最早发明出的胶水具有很强的持久力，足以维持数千年而不脱落。在法国的拉斯科洞穴中，依然还有早期洞窟壁画的痕迹，据估计，它们已有大约2万年的历史。

●法国拉斯科洞穴中，一幅由木炭与赭石绘制而成的大角鹿古代壁画

在很长的一段时间里，部落中的人曾将这些有色的黏性物质作为面部彩绘的涂料，这是神圣仪式与战争的核心部分。这一传统延续至今，促成了现代的化妆品产业。比如，口红就是由色素与油脂混合而成的，为你的嘴唇涂上色彩，口红也由此得名。如何让胶水能够粘在嘴唇上几个小时，还要在晚上回家后很容易被擦去，这一直是个难题。同样的问题还出现在眼线以及其他各类化妆品中。这体现出胶水产品设计中的一个主题，即解除黏性通常和黏结一样重要。不过，这还是后话，眼下，如何有效黏结就已经够难了。如果你想黏结那些需要机械强度的物品，比如斧头、船舶以及飞机的零件，那么你就需要比颜料或口红更强力的胶水了。

黏糊糊的树脂

1991年的夏天，两名德国游客在意大利阿尔卑斯山徒步时发现了一具尸体骨架。这个已经变成木乃伊的男性大约已有5000年历史，后来被称为"冰人奥茨"。他的遗体被保存得十分完好，因为死后他就被冰包裹着，衣物和工具也是如此。他的衣物包括用草编成的斗篷、皮质的外套、腰带、绑腿、缠腰布和鞋。他所有的工具都是精心设计出来的，但是就黏结而言，奥茨的斧子最引人注意。这把斧子由紫杉木制成，一片铜刃被涂有桦木树脂的皮带绑在手把上。桦木树脂这种如口香糖一般的物质，是将桦木树皮放在罐子中加热而得到的棕黑色黏性物质，在旧石器时代晚期及中石器时代被广泛用作黏合剂。它适用于像斧头这样的重型工具，因为当它固化时，可以形成坚硬的固体。我们的祖先用它黏结箭镞和标枪、制作火镰、修理陶器，甚至造船。这种液体主要是由酚类分子构成的。

你对它的化学名称或许并不熟悉，但我敢肯定，你能辨别出它的味道。桦木树皮中主要的酚类胶水是2-甲氧基-4-甲基苯酚，它有点像烟熏木馏油的味道。羟基苯甲醛闻起来像香草，乙基苯酚闻起来则像烟熏培根。事实上，当你熏肉或者熏鱼的时候，正是酚类赋予了肉类独特的风味。

●2-甲氧基-4-甲基苯酚的结构式，它是桦木树皮胶水中的成分之一。由碳原子和氢原子共同构成的六边形，再加上一个羟基，便是酚类物质的标志

当你加热桦木树皮时，你便能萃取出酚类物质，这时产生的浓厚树脂，基本上就是松节油溶剂与酚类物质的混合物，松节油是胶水保持液态的基础，但是几个星期过后，松节油就会挥发。这时剩下的就是酚类混合物，它会变成一种硬质焦油，其黏性足以将木头与皮革或其他材料黏结在一起。

事实证明，树木是黏性物质的优质“供应商”。松树渗出的瘤状树脂也可以做成高品质的胶水，作为黏合剂流行了1000多年的阿拉伯树胶则来自相思树。乳香树的树脂是一种气味沁人心脾的胶水，因此得名“乳香”。没药则是另一种芳香树脂，来自多刺的没药树。树脂常用于药物和香水中，这也许就是因为其中含有像酚类这样的活性化学物质，且具有很强的抗菌性。乳香和没药在古代十分珍贵，因此常常

●蚂蚁被困在了琥珀中，树脂成了化石

被当作贡品进献给国王或是皇帝，所以它们才在耶稣诞生的故事中如此重要。

树脂有黏性并不令人意外。它们进化出黏性，以便诱捕昆虫，从而为树木提供一种很有用的防御形式。琥珀实际上就是树脂的化石，里面通常会有被困住的保存完好的昆虫。

如果没有树脂，对我们早期的祖先而言，制造工具和设备就会变得异常艰难，也很难让我们的文明发展摆脱陆地的束缚。不过，你大概不会想用它把飞机黏结起来，因为这样制作的飞机肯定会在飞行中裂开。酚类分子与其他物质之间的结合力不是很强，这些分子过于“独立”，更乐于自我黏结。

黏性升级的动物明胶

不过，一旦你在树上，就不需要去太远的地方寻找更结实的胶水。想一想鸟类，它们的翅膀不是拴在一起的，也不是拧在一起的。它们的肌肉、韧带和皮肤是通过蛋白质分子结合在一起的，我们的身体也是如此。其中最重要的一种蛋白质，叫作胶原蛋白。胶原蛋白在所有动物的体内都很常见，而且相对容易提取。早期人类会将鱼皮和兽皮除去脂肪后放入水中煮沸，通过这种方法从动物身体中提取胶原蛋白，并得到一种黏稠而透明的液体，当这种液体冷却后便会变成一种坚硬的固体材料——明胶。

明胶中的胶原蛋白是以碳和氮为骨架的长链分子。在动物体内，胶原蛋白分子结合在一起，形成强有力的纤维，由此构建你的韧带、皮肤、肌肉和软骨。然而，胶原蛋白一旦在胶水制造过程中与热水发生反应，便会解离。现在，它们有了所需要的化学键。也就是说，它们想要黏结在其他物质上，于是变成了动物明胶。

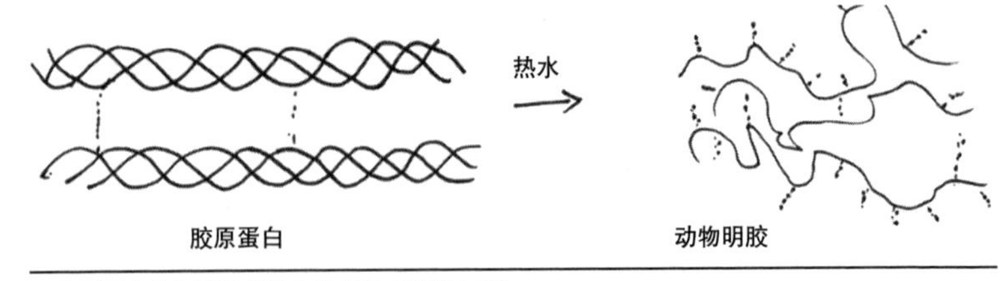

●胶原蛋白的纤维状结构变为动物明胶的过程

正是动物胶取代了木材树脂，成为早期人类技术的支柱。比如，埃及人用动物胶制作家具和装饰性镶嵌物。事实上，在木材的加工过程中，如何有效利用木头的纹理是一个主要的操作问题，而埃及人似乎是最早使用胶水来解决这个问题的。

木材纹理由树木中的纤维素构成的纤维形成，并受密度和排列方式的影响，这不仅取决于树木的生物学特征，也和它们的生长环境有关。因此，不同树种或是不同生长条件下的树木，其纹理都是不同的。结果，木材在垂直于纹理的方向上强度很高，但在沿着纹理的方向上却有开裂的趋势。当你劈柴时，这一特点当然很有用；但是当你盖房子，制作椅子、小提琴、飞机，或其他木制品的时候，你就有可能在设计上遇到麻烦。木板越薄，开裂的情况越严重。为解决这个问题，你可能会认为应该加厚木板，恰恰相反，正确的做法是将木头切成更薄的木片。

最早是埃及人制作出了木片。他们将木片叠起来，每一层纹理都与相邻木片的纹理垂直，这样就构造出了一块各个方向的强度都很高的人造木材，如今我们称之为复合板。他们用动物胶将复合板黏结在一起，这样的组合使用效果非常好。但是如果你也曾在烹饪时用过明胶[1]，就会知道动物胶能在热水中溶解。除非保持绝对干燥，否则由动物胶黏结而成的家具很容易散架。这似乎是一个很大的缺陷，但埃及

(1) 在西式餐点中，明胶是一类常用的添加剂，也叫鱼胶粉、吉利丁，它会在水中加热后发生溶解，冷却后即为果冻状物质。

是个非常干燥的地方，所以他们成功了。

正如前面所提到的，使用能够解离的胶水也会有明显的好处。安东尼奥·斯特拉迪瓦里（Antonio Stradivari）是一位古典乐器设计者，被誉为史上最伟大的小提琴制作师，而他就是使用动物胶制作乐器的。这就使斯特拉迪瓦里可以在加工过程中拆开任何出现故障的接头，从而制作出近乎完美的乐器。至今，为了修好木质的乐器，工匠们还是会用蒸汽将接头拆开。蒸汽会降低胶水与木头之间的黏合力，然后将其溶解。因此，木质零件可以被完好无损地运走，延长乐器的使用寿命，并增加其价值。事实上，大多数从事家具修复工作的人都会细心地使用动物胶，正是因为它在加热后很容易被溶解。

但是要说制作“翅膀”，加热就成了一个大问题，至少传说是这么告诉我们的。只要看看米诺斯国王的遭遇就知道了，他统治着地中海的克里特岛，海神波塞冬送给他一头非常漂亮的雪白色公牛，并要求他用这头公牛作为祭品纪念自己，米诺斯国王却用了另一头公牛献祭，只因他不想杀死原本那头更漂亮的。为了惩罚他，波塞冬让米诺斯国王的王后爱上了这头公牛，并生出一个半人半牛的生物——牛头怪米诺斯陶尔。米诺斯陶尔长大后，成了一头会吃人的恐怖野兽，米诺斯国王便让他的大师级工匠代达罗斯建造了一座复杂的迷宫，也就是举世闻名的克里特岛迷宫（Labyrinth）[(1)]，以此作为困住米诺斯陶尔的监狱。为了防止代达罗斯泄露秘密，米诺斯国王把他和他的儿子伊卡诺斯一同关在了一座塔里。不过，代达罗斯可不是那么容易被控制的，他用蜡把羽毛粘在一起做成了翅膀，一对给自己，另一对给儿子伊卡诺斯。在他们逃跑的当天，代达罗斯警告儿子不要飞得离太阳太近。可在飞行时，伊卡诺斯太兴奋了，以至于越飞越高，于是蜡熔化了，羽毛也脱落了，伊卡诺斯摔死了。

---

(1) 这是希腊神话中出现的著名建筑，在克里特岛，的确存有这样一座米诺斯王朝时期的建筑遗迹，但是它的功能究竟是什么，考古界对此仍然有争议。

●因为粘住羽毛的蜡熔化了，伊卡诺斯便坠落了。这个神话流传于世

如果你想知道一架现代飞机是否会在飞得越来越高时发生脱胶的情况，那我必须指出，伊卡诺斯的神话不符合逻辑。如果飞得更高，伊卡诺斯应当遭遇更冷的空气，而不是高温。每爬升约300米的高度，气温便会下降1℃，因为热量都被辐射到太空中了，空气便冷却了。我乘坐的飞机飞行在约12 000米的高空，因此窗外的温度大约是-50℃，所有的蜡在这一温度下都会保持固态。

又弹又黏的橡胶

我还得说一点，现代飞机并不是用蜡粘在一起的，我们现在有了更好的胶水。发现它们的智慧之旅从橡胶开始，当然，橡胶是树木的另一种黏性产品，是通过削割橡胶树皮来提取的，而这种橡胶树原产于中南美洲。中美洲文化中有很多创造，包括他们在庆典中玩的一种弹球游戏。16世纪，当欧洲探险家登上美洲大陆时，他们对橡胶感到十分好奇，因为此前从没见过这样的东西。橡胶柔软似皮革，但是弹性要大得多，而且完全防水。不过，除了它显而易见的价值，当时还没有欧洲人发现它的直接经济用途，直到英国科学家约瑟夫·普利斯特里（Joseph Priestley）发现这种物质能很好地从纸上擦去铅笔的笔迹，于是用它制成了橡皮擦，这也是“橡胶”一词的由来[(1)]。

天然橡胶由数千个很小的异戊二烯分子组成，它们相互键合成一条长链。这是自然界常见的一种分子魔术，即将同一种物质单元连接起来，组成一条完全不同的大分子。这种类型的分子被称为聚合物，其中的“聚合”代表“多”的意思，而“物”指的就是物质单元。异戊二烯就是天然橡胶中的那个“物”。橡胶中的聚异戊二烯长链全都像意大利面那样杂乱无章，每条链之间的结合力都很弱，所以你在拉开橡胶的时候并没有遇到太大阻力，毕竟只是分子链条被解开了。这也是橡胶弹性如此强的原因。

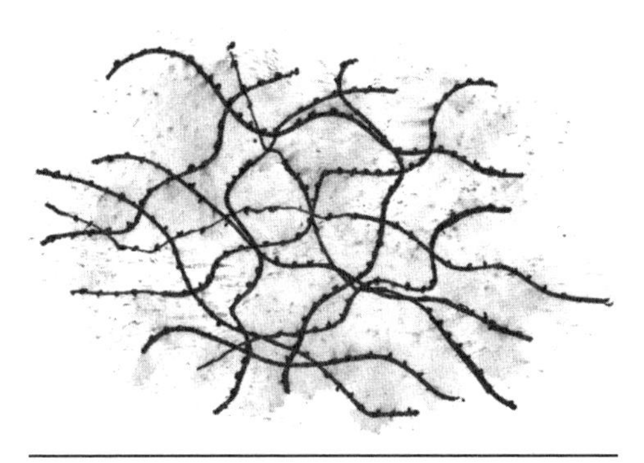

●天然橡胶的结构，由混乱的聚异戊二烯长链构成

(1) “橡胶”的英文为“rubber”，源自“擦除”的英文“rub”，而中文词语“橡胶”与“橡皮”，在翻译时也沿用了这一关联。

正是橡胶的弹性造就了它的黏性。它可以很容易地自我塑造，从而楔入任何空间，包括你指尖的缝隙，所以它在人们手中的阻力才会这么大。这种阻力使橡胶非常适合安装在自行车的车把上，或是作为汽车轮胎的材料。它将汽车牢牢地抓在地上，足以产生车轮向前滚动所需的摩擦力，却又不会粘在路面上。同样地，它让你的手紧紧握住车把，不会意外滑脱，但你也不必担心自己的手会被永远粘在自行车把上。

橡胶另一个不为人知却又十分巧妙的用途体现在便利贴上。便利贴有一层由橡胶制成的黏合剂，当你从便笺本上撕下便利贴时，它依然粘在上面，这样你就可以将便利贴贴到墙壁、桌子、计算机显示器、书籍等物品上，但又不会损坏它们或留下印记。橡胶中的微球构成了便利贴上的胶层，它们与便利贴强力地结合在一起，但是被按压到其他物品的表面时，只会产生一股很小的黏合力。所以不管它粘在什么地方，当你取下来的时候，橡胶都会留在纸上，所以便利贴可以被粘贴在不同的地方，多次利用。这种设计很巧妙吧？的确如此，只不过，这种不太黏的胶水其实源于一个偶然的发明。1968年，3M公司的化学家斯宾塞·席佛（Spencer Silver）博士在尝试制作出一种强力黏合剂时，阴错阳差地发明了便利贴。

撕胶带让你抓狂过吗？

20世纪出现了很多改变文化的黏合剂产品，其中最重要的一种当数胶带，这是由3M公司另一位发明家理查德·鲁（Richard Drew）在1925年发明出来的。鲁发明的胶带中有关键的三层，中间一层是玻璃纸，这是一种由木浆制成的塑料，可以让胶带拥有机械般的强度和透明度。胶带的底层是黏合剂层，顶层则至关重要，它是一层不会粘的材料，就像特氟龙一样，大多数物质在与它接触时都有很低的表面张力，无法将其轻松地润湿（所以我们会用它制作不粘锅）。将它应用在胶带中真是绝妙的做法，这意味着胶带可以贴在自己上面，却不会永久地粘住彼此，这样便可以制作成胶带卷使用。说起来，谁家会没有一卷胶带？而我需要用上10卷。

你可以通过观察一个人如何对付一卷胶带来了解他。我必须坦率地承认，我习惯用手撕胶带，而不是剪断。要是你找我要胶带，我肯定会抓起一卷，然后热情地帮你撕下一段。但我可能不会一下子就撕好，最可能发生的情况是，我先撕出一点碎片，要么撕开的角度很奇怪，要么干脆撕断一截，而且难免会让有黏性的一面互相粘在一起。对此，我不会得意，它是真的惹怒了我。我对着胶带生气，它却似乎变本加厉地刺激我，自己重新粘了回去，并且贴合得没有一丝痕迹，让我不知该从哪儿撕起。这个时候，我就不得不动用自己的大拇指，不断地绕着胶带卷搓动，试图找出胶带的头，并感到十分无助。这种情况有时候会持续很长时间，气得我忍不住对胶带大吼大叫，甚至会把它扔到房间的另一头，心想我为什么连个胶带切割器都没有。

电工胶带更适合我，不用剪刀就可以撕开它。其中的织物纤维贯穿了整卷胶带以便加固，这使它更容易被撕断。胶带的强度来自织物纤维，黏性与柔韧性则是来自塑料和黏合层。我非常喜欢电工胶带，我承认我羡慕在腰带上随时别着电工胶带的人，那是他们的工作必需品。想到这里，我偷偷地瞥了一眼仍在看电影的苏珊，想知道她喜欢哪一种胶带。她此前看的书是奥斯卡·王尔德的《道连·格雷的画像》，正摆在她面前的小桌板上。我注意到书脊像是已经用某种红色电工胶带修补过了，而胶带的末端被剪刀剪得十分利索。看来她是那种喜欢剪断胶带的人。

复合板与黏合剂的完美结合

由理查德·鲁首创的胶带，虽说是一种很有用的发明，但不是引领现代飞机工艺的技术创新。而这项创新是由另一位美国化学家利奥·贝克兰（Leo Baekeland）实现的，他成功地研制出了第一种塑料。他将两种液体混合后得到了塑料：一种是酚类，也就是桦木树脂中的主要成分；另一种则是甲醛，一种防腐液。这两种物质一起反应，得到一种新的分子，而这种分子还有个多余的化学键，可以连接更多的酚类分子，这样就产生了更多可以与酚类反应的化学键。最后，液体（如果比例合适的话）会被化学键牢牢地锁在一起，形成一个固体。换句话说，这个反应会形成一个巨大的分子，所有将它固定起来的化学键都是永久性的，所以无论你创造出一个什么物体，它都会变得异常坚硬而强韧。

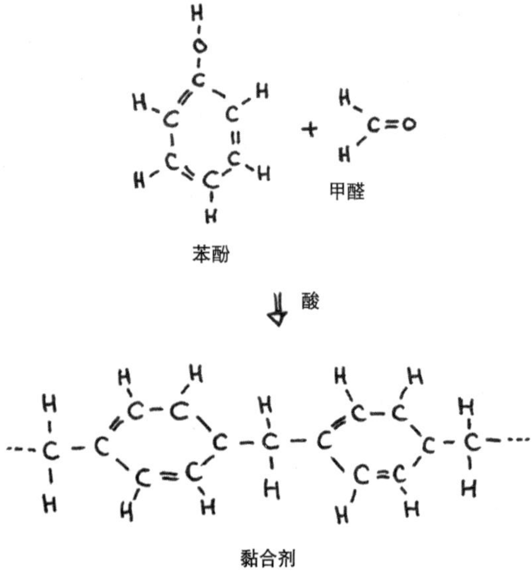

苯酚 + 甲醛 → 酸 → 黏合剂

●苯酚和甲醛形成了一种强力黏合剂

贝克兰用这种塑料制作出了很多物件，包括当时刚刚被发明出来的新电话。当然，这是相当有用的，也让贝克兰发了大财。不过，它还带来了另一个影响。化学家们意识到，苯酚和甲醛可以在混合后应用于两个物体之间的界面，混合物变硬的时候就可以将物体黏合在一起。这催生出了一大类新型黏合剂，也就是双组分黏合剂，强度超过了以往的任何胶水。

人们使用双组分黏合剂的次数越多，就越了解它们的用途。首先，不同的组分——苯酚与甲醛可以单独存储在不同的容器中，因此在使用前它们都可以保持液态。除此之外，你可以通过添加剂改变它们的化学成分，使其润湿性变得更好或更差，这样就可以粘在不同的材料上，如金属或木材。

这种新型的黏合剂对工程师产生了很大影响，他们又开始重新考虑最先在古埃及被发明出来的复合板。如果你用双组分黏合剂制作复合板，它就能完美地与木材键合，最终得到的复合板既没有依靠动物胶的弱化学键结合，也不会对水敏感。但是，这种新型的复合材料要想获得成功，还需要旺盛的市场需求，而发展起来的飞机工业正好需要它。20世纪初，多数飞机都是由木头制造，但是因为木头有纹理，飞机很容易开裂。复合板是一个完美的解决方案，它可以被加工成符合空气动力学的形状，有了新型的双组分黏合剂之后，它变得既可靠又有弹性。

有史以来，最著名的复合板飞机是德·哈维兰公司研制的蚊式轰炸机。当它在第二次世界大战中投入应用时，它是飞行速度最快的飞机。因为飞得比其他飞机都快，所以它甚至没有配备防御机枪。直到今天，它恐怕都是有史以来最漂亮的复合板制品。它的优雅与知性，源于复合板可以在黏合剂的作用下被制成各种复杂的形状，这一特性让它几十年来深受设计师们的青睐。

第二次世界大战后，复合板继续改变着我们的世界，这一次

●蚊式轰炸机

轮到了家具。当时最具创意的两位设计师分别是查尔斯·伊姆斯（Charles Eames）和雷·伊姆斯（Ray Eames），他们用复合板重新定义了木制家具。他们的设计成为经典，特别是现在为人们所熟知的伊姆斯椅子。直到今天，这些椅子还在被制造或仿制，随便走进一家咖啡厅或一间教室，你都有可能看见它们。家具界的时尚潮流不断变化，但复合板的吸引力经久不衰。

不过，尽管复合板家具经受住了时间的考验，航空工程却在继续发展。第二次世界大战后，铝合金成为制造飞机的首选材料，这不是因为它的强度在同等重量下比复合板更高，甚至也不是因为其硬度比复合板高。铝之所以能够胜出，是因为它可以被更好地制造、加压，也更加可靠、安全，尤其是当飞机变得越来越大，飞得越来越高的时候。要想让复合板停止吸水或失水，是很难的。如果在干旱的国家停留得太久，复合板飞机就会变得干燥，由此引起材料收缩，并对胶接处产生应力。而当飞机停在非常潮湿的地方时，复合板便会膨胀甚至腐烂，这同样会危及飞机的安全。

铝不会出现以上问题，事实上，它具有不可思议的抗腐蚀性，因此，它成为之后50年里飞机结构的基础。但它绝不是完美的，它在一定重量下的硬度或强度，都不足以制造出真正轻量、节能的飞机。所以，即使铝制飞机的生产正处于鼎盛时期，当时的工程师们也在为寻找更理想的飞机外壳材料而绞尽脑汁。他们很想知道，那会是一种金属，还是某种完全不同的材料？碳纤维看起来很有前途，因为在同等重量条件下，它的硬度是钢、铝或复合板的10倍。但碳纤维是一种纺织品，而在当时，没有人用它制造机翼。

能黏住飞机的环氧树脂

工程师们最终选择的是环氧树脂。环氧树脂是另一类双组分黏合剂配方，但它的核心是一种被称为环氧化物的单分子。

环氧化物分子的内部，有一个由两个碳原子及一个氧原子构成的环。打破这些化学键时，环也会因此而打开，环氧化物便可以与其他分子反应，形成一种高强度固体。硬化反应一开始并不会发生，直到分子中的环因碳氧键的断裂而被打开，而这一般是通过添加固化剂来实现的。

环氧树脂的一个主要优点是，它的反应过程与温度相关，你可以先将不同组分混合起来，直到你需要时它们才开始键合。这对生产机翼所需的零件来说至关重要，而这些零件具有复杂的形状，并采用纤维增强材料，每一件都很庞大，需要几周的时间才能被制造出来。当你准备将黏合剂变成结实的固体时，你只需要将它放入一台高压烤箱，把机翼加热到合适的温度，然后就是见证奇迹的时刻了。这些烤箱被称为高压釜，而它们有飞机那么大。所有的空气在加热前都需要从飞机模具中排出，这也解决了黏合剂的另一个问题——它们经常将空气困于其中并形成气泡，硬化后就会成为缺陷。

环氧化物的另一大优点是在化学上应用广泛。化学家们可以将不同的组分与环氧化物的环相连，使其与不同的材料相结合，如金属、陶瓷以及碳纤维。

五金店出售的环氧树脂可以用于修补破碎的陶器，或是将旋钮重新装回榨汁机的盖子上。你可能想知道，为什么它们在使用前不需要在高压釜中进行加热。这是因为它们所用的固化剂的化学成分与制造飞机的化学成分不相同，它们可以在室温下与环氧化物的分子发生反应。这种黏合剂被分为两个包装进行销售，所以你需要将它们混合。其中一管装的是环氧树脂，另一管则是固化剂与各种用于加快反应的催化剂，让黏合剂可以更快地变为固体。这些家用型环氧树脂的强度不如飞机所用的，但也不容小觑。

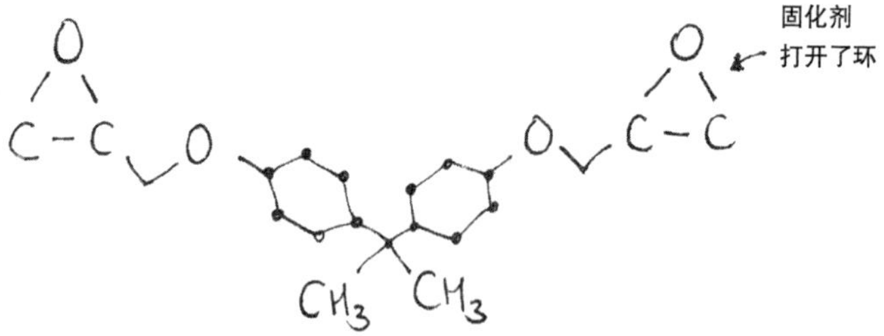

●环氧化物分子中的环被固化剂打开，由此可以形成一种聚合物黏合剂

或许这一切听上去都很简单，但认识复合材料结构并研发相关技术足足用了几十年的时间，人们这才对这些飞行的碳纤维飞机表示信任。最初，这些碳纤维复合材料在地面上的赛车中得到了检验，结果非常成功。如今，赛车的引擎中甚至还有这些含碳的零件，你肯定猜到了，我们设计出了可以用于高温环境的环氧树脂。在赛车之后，碳纤维复合材料被应用在假肢中，这是一项伟大的发明，因为它们比很多金属更硬、更坚固，还要轻得多。一些残疾跑步运动

员所用的“刀锋”[1]，其实就是由碳纤维复合材料制成的。这种材料也被用于制造自行车。迄今为止，世界上性能最好的自行车都由碳纤维复合材料打造，而这些材料便是用环氧树脂黏合在一起的。当然，波音公司和空中客车公司最新型的商用客机也是用碳纤维复合材料制造的，包括此刻载着我完成横跨大西洋之旅的这架飞机。

万能的502胶水

正如假肢和飞机中的螺栓与铆钉已经被胶水或黏合剂取代，医院中的缝线与螺钉很可能也将会被替换成胶水。前些天踢球的时候，我不小心在头上划了一道口子，于是用手帕捂住伤口去了医院，血淋淋地在候诊室等了两个小时。终于叫到了我的号，医生问诊后，清洗了我头上的伤口，随后制作了一管氰基丙烯酸酯黏合剂[2]。他把这种胶喷到我伤口的两端，然后紧紧推到一起保持10秒钟，就让我回家了。他不是想节省时间的奇葩医生，而是在采用医院的标准做法。

氰基丙烯酸酯黏合剂是出了名的强力胶，也是一种奇怪的液体。就其本身而言，它是一种油，性状也很像油。但是，如果将它暴露在水中，水分子就会和氰基丙烯酸酯分子发生反应，并打开其中连接原子的双键，使它得以与另一个氰基丙烯酸酯分子发生反应，这样就形成了一个有富余化学键的双分子，可以与其他物质发生反应。而它也确实这么做了，继续和另一个氰基丙烯酸酯分子反应，生成一个具有富余化学键的三分子，然后接着反应，以此类推。随着这

(1) 这是一种著名的高科技假肢，它没有仿造真人肢体设计，而是用碳纤维直接成型，做成了片状，并在脚掌处有一处弯曲，从侧面看，很像英文字母J，因而通称为J型假肢，俗称“刀锋”或“刀片”。

(2) 即俗称的502胶，这种胶水可以由水或氧气引发聚合，因此能在空气中发生固化，速度非常快，也叫作快干胶。

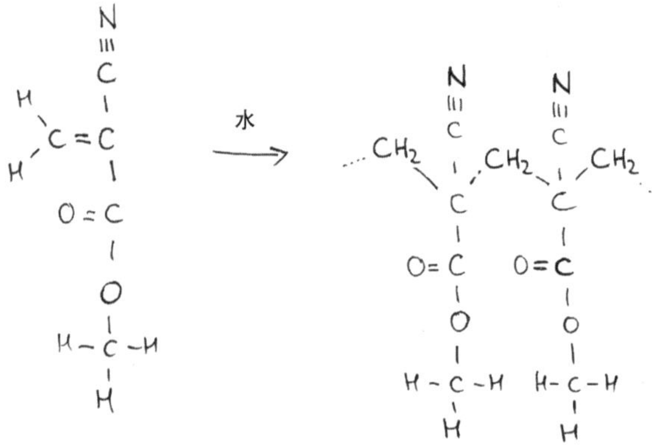

氰基丙烯酸酯 黏合剂

●水分子打开氰基丙烯酸酯分子，形成聚合物黏合剂

一连锁反应的不断进行，一个越来越长且内部相互紧扣的分子形成了。这已经很智能化了，但还有更精妙的地方。只需要空气中有一点儿水蒸气，薄薄一层氰基丙烯酸酯液体就能转化为固体。虽说很多黏合剂都不能在潮湿的环境下黏结物体，因为所有的水分都会使它们很难附着在物体表面，但强力胶可以在任何地方起作用。试过的人都知道，它也可以很容易地让你的手指粘在一起。所以，化学家们还在寻找一种快速而又舒适的方法来让强力胶脱落。

撇开手指不谈，如今黏合剂已经将世界上的很多东西粘在了一起，未来可能还会有更多，因为此刻我所坐的飞机正在以每小时约800千米的速度穿过湍流，这是一个有力的证据。我们对很多黏性物质的研究也许还不够深入，特别是当你还在研究其他生物正在使用的强黏性物质究竟有多少种时，几乎每天都有科学家发现植物、贝类或蜘蛛使用的某种新型胶水。

我在翻看飞机上娱乐系统中可供观看的电影时，便思考了这个问题，并在看到《蜘蛛侠》的时候犹豫了一下。没错，黏性的确是一种超能力。想到这里，我按下了“播放”键。

第五章　如梦如幻的液晶

我拉下窗户上的遮光板，挡住了明亮的阳光。这看起来是一件自相矛盾的事，在我的日常生活中，几乎没有哪一天不会梦到这样的场景：跳上白色的云端，躺在上面沐浴着阳光，直到永远。然而，当我真的在空中待了一段时间之后，却想看一部电影。为了能看清屏幕，我需要更暗一些的环境。在我合上遮光板的时候，邻座的苏珊突然抬起头来，我的这个动作影响了她。于是我将遮光板又向上抬了一点点，好让一丝光线重新透进来，并做了一个竖起大拇指的手势，问她这样行不行。她点头表示可以，将头顶的机舱阅读灯打开，然后再次沉浸在她的书中。我好像惹她生气了。

我想，若是屏幕可以变成一幅画，一幅由颜料绘制而成的油画，画布上的人物可以像他们在电影中那样移动，我就不必降下遮光板了。当我想到这里时，我很快就意识到苏珊正在读的那本《道连·格雷的画像》，正是与那样的油画有关。这有点离奇，却也符合这本书的诡异情节。奥斯卡·王尔德在1890年写

●道连·格雷第一次看到自己年轻的肖像

了这部小说，正好是液晶刚刚被发现的时候，他不可能知道液晶会发展成平面屏幕技术，而我此刻正用它来观看《蜘蛛侠》。在那部小说的核心部分中，他创作的神奇而又险恶的画像恰恰可以运用液晶技术。

在这本书中，主人公道连·格雷是个英俊、富有的年轻人，他找人为自己画了一幅肖像。当道连看到最终完成的作品时，他突然想到自己会变老而肖像不会，这让他备受刺激，不禁抱怨道：

> 它永远不会比六月的这一天更老……如果能反过来的话就好了！如果永葆青春的是我，变老的只是这幅肖像就好了！要是能这样，要是能这样，我情愿付出一切！没错，这世上没有什么是我舍不得的！我情愿为此献出自己的灵魂！

道连的愿望神秘地实现了。他开始声色犬马，沉迷于自己的青春帅气，以及由此带给他的感官愉悦，却也在这么做的时候毁掉了其他人的生活。实际上，这幅画给了他超能力，但这种超能力又和我面前屏幕上飞跃的蜘蛛侠不同。蜘蛛侠有着巨大的威力，能像蜘蛛一般紧贴着建筑物，从而探知危险正在靠近。道连·格雷的超能力是他永远不会衰老，英俊的外表永远不会变得丑陋，只是他的肖像会变老。我的目光扫过苏珊，她正处于一片昏暗之中，借助一盏顶灯读着《道连·格雷的画像》。这让我想到，要想画出一幅动态肖像多么难啊！

油画因层次感而美

当你在画布上涂拭颜料时，液体就会附着在画布上，当然也会附着在你已经画上去的每一层颜料上。就像我们的早期祖先在创作洞穴壁画时发现的那样，颜料实际上是一种有颜色的胶水。因此，颜料的任务就是从液体转化为固体，然后永恒地留在那里。不同的颜料会用不同的方式达到这一目的。水彩颜料通过干燥变为固体，其中的水分会因为蒸发而被释放到空气中，最终只在纸上留下颜料。油画颜料的主要成分是油，通常是罂粟油、坚果油或亚麻籽油。它不会干燥，但有另一项技能：与空气中的氧气发生反应。通常情况下，应当避免这种类型的反应，因为氧化会使黄油和食用油变质，比如变成酸味或苦味。但是运用在油画颜料中时，这倒成了一个优点。油类分子中含有长长的烃基链，氧原子抓住某根链条上的一个碳原子，并在反应中将它与另一个链相连，这个过程持续进行，分子也会发生更多的反应。换句话说，氧原子扮演着固化剂的角色（就像水在强力胶中起到固化剂的作用一样）。没错，这其实是另一种聚合反应。

●油毡版画《偷偷喝柠檬水的人》，由鲁比·赖特（Ruby Wright）创作

这一反应十分有用，因为它在画布上形成了一层坚硬而又防水的塑性涂饰（油画可以更精确地被称为塑料画），它具有惊人的弹性，并能长期保持。不过，聚合反应需要时间，因为氧气必须渗入表面坚硬的颜料涂层，这样才能接触内部那些没有发生反应的油。这也是油

画颜料的缺点，它需要很长的时间才会变硬。不过，伟大的油画大师能将此转化为自己的优势，如范·艾克、维米尔、提香等。他们覆盖了很多层薄薄的颜料，于是颜料就一层接着一层地与氧气发生化学反应并固化，形成了多层半透明的塑料，层层相叠，成为许多不同颜色组合的复合体。

这样具有渐进层次的油画，可以让画家创造出的作品具有奇妙的细微差别，因为当光线照在画布上时，光线不仅会从表层反射，还有一部分光线会穿透到更里层，与油画深层的颜料相互作用，成为彩色光后进行反射。或者，光线会被不同的颜料层完全吸收，从而变成深黑色。这是一种控制色彩、亮度和纹理的复杂方法，也正是文艺复兴时期艺术家们选择油画的原因。对提香的油画《复活》进行分析后，人们发现画上一共有9层颜料，它们共同创造出复杂的视觉效果。正是油画错综复杂的表现力，使得文艺复兴时期的艺术如此感性而又充满激情。分层的效果如此出彩，以至于这一手法不再被局限于油画中，如今已经融入所有专业的数字绘图工具中。如果你使用Photoshop、Illustrator或其他计算机图形工具，你就会用图层来制作图像。

作为涂层，亚麻籽油也可用在除油画颜料以外的很多地方。比如，处理木材时，亚麻籽油会在木材表面形成透明的保护性塑料屏障，就像油画一样，只是没有颜色。板球拍是使用亚麻籽油涂抹其外层的众多木制品之一。你也可以一不做二不休，完全用亚麻籽油做出一种叫作油毡的固体材料，借助的依然是聚合反应。油毡是一种塑料，曾被设计师与室内装修师用作防水地板。艺术家也会使用油毡进行创作，他们在上面雕刻，就像雕琢木头一样，再将图案印刷出来。在这些作品中，分层依然是构建复杂性的基本方法。

如何让画面动起来？

虽说视觉上很动人，可无论是版画还是油画，都不会呈现出一幅运动的画面。但是，如果你用一个碳基分子，这就有可能实现了。碳基分子与亚麻籽油中的那些分子没有太大区别，如4-氰基-4'-戊基联苯。

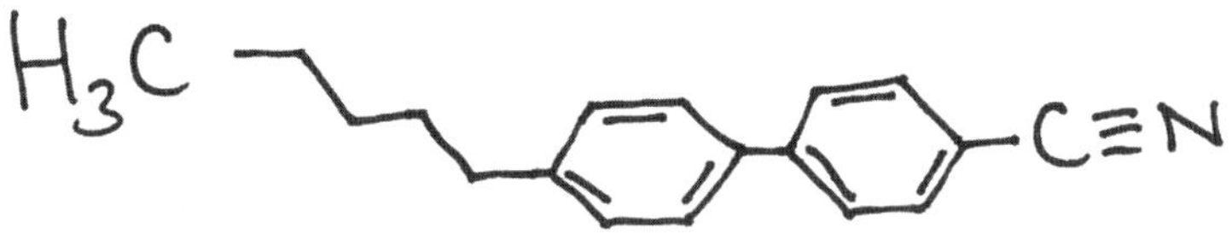

● 4-氰基-4'-戊基联苯的分子结构式，这种分子常被用于液晶中

4-氰基-4'-戊基联苯分子的主体由两个六元环构成，这使它具有刚性结构[1]，但与之结合的电子分布很不均匀，所以它是一种极性分子。有些区域富集了负电荷，有些区域则富集了正电荷。一个分子上的正电荷与另一个分子上的负电荷相互吸引，增强了分子间整齐排列的趋势。但是，4-氰基-4'-戊基联苯的尾部还有一个甲基（$-CH_3$），这个基团富有弹性并会蠕动，在晶体构建的过程中起到了相反的作用。因此，4-氰基-4'-戊基联苯的结构一部分是规整的，另一部分却是流动的，因而被称为液晶。

当温度在35℃以上时，尾端甲基受到的影响更为强烈，于是4-氰基-4'-戊基联苯呈现出普通的透明油状物状态。然而，将它冷却到室温后，这种液体便会在外观上变得和牛奶相仿。在这个温度下，它不是固体，却产生了不寻常的现象。这些分子开始依次排列，就像鱼群中的鱼，而这样的结构在液体中并不常见。液体的决定性

(1) 刚性结构是化学中用于描述分子形态的术语，一般的分子由于化学键的旋转作用会在温度的影响下不断改变构型，也就是形变，刚性分子却可以保持构型不发生变化。

特质之一便是液体中原子及分子的能量太高，所以不会在特定位置待上一段时间，而是不断地旋转、振动并迁移。但是液晶与之不同，它的分子依然是动态的，也可以流动，但方向会保持一致，就像晶体中排列规则的原子一样，这也是“液晶”这个名字的由来。

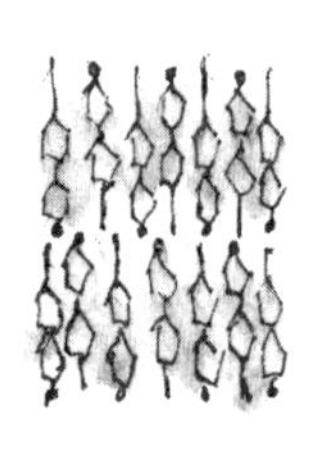
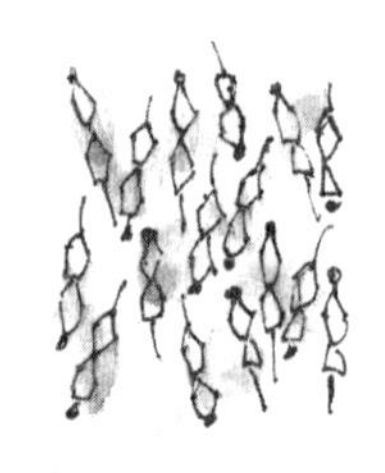
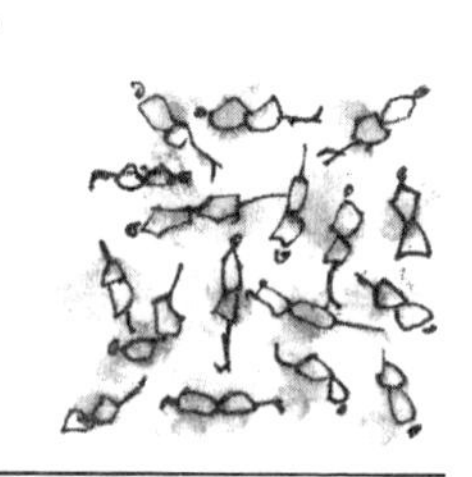

●晶体、液晶与液体在结构上的差异

然而，这种排列并不完美。因为分子处于液态，它们可以到处移动，相互交换位置，或是加入其他的小群体中。不过，极性分子赋予了液晶另一个有价值的特点——它们可以对外加电场做出反应。通过改变排列的方向，它们可以实现这一点。因此，通过施加电压，你便可以让整个液晶分子群朝着特定方向移动。事实证明，这是液晶在技术上获得成功的关键，也使它们可以被集成到电子设备中去。

当光线穿过液晶时，光线会发生十分细微的变化：偏振角度会改变。要想理解这一点，不妨把光想象成一道波，一道由振荡电场和磁场构成的波。它振荡的方向是什么呢？上下、左右，还是对角线？标准的太阳光会在所有方向上振荡，但是如果它被光滑的表面反射，那么这个表面就会促使振荡朝着某个特定的方向进行，并抑制其他方向的振荡，这取决于它与哪个方向吻合。因此，反射光中带有特定方向的振荡，被称为“偏振光”。

不只是物体表面可以出现这一现象，有些透明材料也可以改变光的偏振，如偏光太阳镜。偏光太阳镜的镜片只允许一个方向振荡的光通过，这会明显降低进入你眼中的光线强度，所以你看到的世界会更暗一些。这种眼镜在海滩上特别有用，不只是因为它遮住了你的眼睛，还因为平滑海面反射而来的眩光也是偏振光，而镜片可以将它们挡住。渔民在偏光太阳镜的帮助下可以更轻松地看到水下世界，而摄影师也是出于同样的理由选择了偏光镜片来挡住眩光。

有些蜘蛛可以探测到偏振光，我想知道这是否就是蜘蛛侠对危险具有快速反应能力的一部分原因，即所谓的“蜘蛛感应”。在电影中，他非常善于随机应变，惊险地逃脱了章鱼博士的抓捕，得以避开片中反派的触角。电影特效做得太棒了！我下意识地对着苏珊笑了笑，完全忘了尽管自己对她的书很感兴趣，但她对《蜘蛛侠》根本不感冒。

液晶改变了光的偏振，这就是为什么蜘蛛侠的形象可以在我面前的屏幕里不断闪烁的原因。如果你把偏光太阳镜放在液晶的表面，当液晶光的偏振方向与镜片一致时，液晶的表面便会显得很亮，否则就会很暗。但是有一个小窍门，如果你用电场改变液晶的结构，液晶的极化也会发生变化。因此，只要按下开关，你就可以决定光线是否透过。突然间你就拥有了一台装置，它可以发出白光，然后消失，然后再次产生白光，变化的速度与你用电场调节液晶结构的速度一样快。黑白屏幕由此诞生了。

彩色液晶更奇妙

彩色液晶听上去似乎很简单，科学家却花了几十年的时间才得以实现。1888年，一位名叫弗里德里希·莱尼泽（Friedrich Reinitzer）的奥地利植物学家首次将液晶的奇怪特性进行归类，那正是奥斯卡·王尔德写下《道连·格雷的画像》的前两年。尽管很多科学家都在接下来的80年里对它进行了研究，但是没有人能够找到它的真正用途。直到1972年，汉密尔顿手表公司推出了第一款名为“脉冲星时间计算机”的电子手表，液晶才大显身手。这款手表看起来很不错，不同于以往的任何一款，价格也比一般的汽车高，购买它的人认为他们买到的是未来。他们是对的，数字技术即将到来。而在这个万亿美元产业中，手表是一大畅销品。

“脉冲星时间计算机”的构件中有很多LED，这是发光二极管的英文缩写，它本身是由半导体晶体构成的，可以在电流的作用下发出红光。这只手表看上去很不错，特别是在黑色背景下，富豪名流们都为之疯狂，甚至在1973年的电影《你死我活》中，詹姆斯·邦德也戴着一只。然而，因为当时LED的缺点是高耗能，所以最早那些电子表的电池寿命都很短。为了满足大众对电子表的新兴需求，一种更为节能的屏幕技术亟待出现。研发人员在实验室里研究了几十年，液晶突然找到了用武之地。它很快占据了电子表的主导地位，因为将液晶像素从黑转白所需的电能是微不足道的。液晶也很便宜，因为实在太便宜了，以至于制造商们开始用液晶制作整个显示屏，这就是你在电子表上看到的灰色屏幕。手表用电来调节特定区域的灰色液晶，使其阻挡偏振光并形成黑色，由此可以显示出不断变化的数字，所以你能查看时间、日期或其他可以用这种小数字形式传递的信息。

我童年中最深刻的记忆之一，就是我的朋友梅鲁·帕特尔在假期后回到学校，戴着崭新的卡西欧电子表，带着计算器，我感到了一股强烈的妒意。他若无其事地按着那些小按钮，按钮冲他发出愉悦的蜂鸣声，这一幕居然给我留下了很深的印象。当然了，现在回想起来有些愚蠢，谁会真的想要一只小小的计算器？但是在当时，我是彻底被迷住了。这也是我沉迷电子产品的开端。

电子表已经失去了往日的时尚感，被连绵不绝的电子设备大军所取代。手机依然在用着液晶显示器，这似乎让人有些惊讶，但它确实和电子表用的是同一种基本技术，并由此发展出了现代智能手机的屏幕，能播放彩色视频。这就将我们带回油画世界，以及小说《道连·格雷的画像》引发的动态图像难题：液晶可能正是我们需要的，但它又是如何创造颜色的呢?

我们都知道，如果把黄色颜料与蓝色颜料混合在一起，我们就会认为自己看到的这种混合物是绿色的。同样，如果你在红色颜料中添加蓝色颜料，就会得到紫色。颜色理论表明，你可以通过改变原色的组合而得到一切特定的颜色。在印刷业中，人们通常使用青色（C)、洋红（M)、黄色（Y）的液体，再加上黑色（K）的液体来调整颜色对比度。这是喷墨打印机的工作原理，所以你会在打印机墨盒外看到“CMYK”这一缩写。这些色彩由打印机一点一点地打印到页面上，而我们的视觉系统将它们整合成清晰的颜色。很早以前我们就知道，眼睛会由此出现错觉。这种操作方法在17世纪被牛顿记录下来，在19世纪被点彩派画家用作绘画技巧。这么做的主要优点在于，色素团肯定不会发生物理混合，它们的亮度与光泽都是可控的，能呈现出你想要的效果。正如色彩理论预测的那样，只要这些色素团足够细小并且紧密排列，就可以通过这种方式混合颜料并呈现出任何色彩。但是一旦你改变颜色，那就另当别论了。你必须在画布上对颜料的比例做出物理性的改变，也就是说，你必须移除一些色点，再换上其他色点。除非你能找到一种办法，用各种可能的颜色组合绘制色点。

这就是彩色液晶显示器的工作原理，不管它们是在手机上还是在电视上，或是和我现在的情况一样，被包裹在前座的椅背上。在“像素点”中，每个像素都有3个彩色的滤光片，可供3个基色光通过。对显示器而言，它们是红光（R)、绿光（G）和蓝光（B)，所以缩写是“RGB”。如果它们均匀发射，像素就会显示为白色，尽管它是由3种不同的颜色构成的。如果你在手机上滴上一小滴水，再透过它看屏幕，便会发现这一点。水就像一个放大镜，让你得以看到红、绿、蓝这3种不同像素的组合。

液晶显示器VS有机发光二极管

油画大师们必须弄明白，如何通过混合颜料并提出一种色彩感知理论，将黑暗和阴影引入自己的作品中。同样地，如今研发液晶显示器的工程师们与科学家们也在用动态图像，推动彩色显示器的性能极限。正如文艺复兴时期，油画与其他诸如壁画与蛋彩画之类的绘画技术进行斗争，近年来，液晶显示器（LCD）也在和有机发光二极管（OLED）竞争。这场战斗目前正在一代代新型的电视、平板电脑和智能手机中上演，拥有一套艰深晦涩的技术语言。你也许会从线上博客中了解到，液晶显示器不能显示深黑色，电影中的黑色场景也是通过偏振器来阻挡光线的，它们不是100%有效，所以你最终看到的是灰色。同理，液晶显示器中颜色的产生方式，也会影响某些色调的绝对亮度。这就带来了机舱遮光板的问题，我不想让阳光在屏幕上反射，否则观看效果会更糟。

然而，多亏了那些与分层油画技术并无太大区别的伟大创新，显示器才变得越来越好。例如，添加一个主动式矩阵，可以让一些像素点的切换独立于其他像素。因此，图像某些部分的对比度可以高于其他部分，这样就不必为整个图像设置对比度了。这对部分高亮度的电影场景来说很有用。当然，这一切都是通过晶体管技术自动完成的，这就是“主动式矩阵”中“主动”的含义。工程师们也学会了从你的视角来改进图像变化的方式。此前在某些角度下，你会看不清屏幕，但是现在加入了“漫发射层”，它可以让光线在离开屏幕时向不同的角度散开。相比之下，作为原始电子表“脉冲星时间计算机”中红色发光二极管的继承产品，OLED技术如今已经很节能了。它们有更丰富的色彩以及近乎完美的视角。不过，除了比LCD贵得多，它们的亮度也不及前者。

液晶显示器可能并不完美，但它们本质上就是奥斯卡·王尔德梦寐以求的动态画布。如今，你可以在客厅（或阁楼）里摆上自己的肖像，每天都换一张新的。几年前，当液晶显示屏变得十分便宜的时候，人们就开始互相赠送动态相框，但并没有那么受欢迎。事实上，人们挺讨厌它们的，就像道连·格雷厌恶他那幅动态的肖像一样。我相信他们讨厌的不是图像的质量（很多人喜欢在他们智能手机的液晶显示屏上看着自己），而是这些显示屏的本质。它们是冒名顶替者，是一种流动的、神奇的乃至梦幻般的东西，却假装是一张真实的、可信的照片，将某一刻凝固。

同样的技术已经广泛应用于平板电视。以协同的方式切换像素的颜色可以让电视屏幕显示动态图片，所以我们能看到演员们打手势并做出不同的面部表情，而在我看的电影中，他们在楼宇之间跳跃，从恶魔手中夺回了整个世界。尽管我知道我正在看的并不是真的，它只是一组原色像素伴随着配乐闪烁，但它还是刺激着我，无论是在知性层面还是感性层面，让我完全沉浸在故事之中。但我觉得，这件事真的很难理解。如果把飞机上看这部电影的经历，与站在画廊中欣赏提香的杰作《复活》进行比较，我想可能电影更能打动我吧。对此，我并不感到自豪。我知道提香的油画是伟大的艺术品，而这台10英寸显示屏中播放的“超级英雄”电影并不是。为什么我会如此浅薄？是因为在约12 000米高空中，我已经丧失了全部的艺术审美，还是说，这与飞行中亢奋的情绪状态有关？

静态的图像，如绘画和照片，会让我们反省自身，在一次次的欣赏过程中洞察自己的感受有何变化。当我们重温伟大的艺术作品时，无论是提香、梵高的作品，还是弗里达·卡罗的作品，都可以让我们追溯自己曾有过的人生体验。这些画作可能会保持不变，但对它们内涵的感受会随着我们自身的改变而改变。飞机上神奇的液晶屏幕却有着截然不同的形态，它是动态的，像一扇活灵活现的窗户供我们进入另一个世界。它让我们从自己的世界逃离出去，在约12 000米高的云层之上，在昏暗的机舱中，进入一个梦幻世界。我们可以像神灵一般，在短暂的时间里通过液体的入口，俯视普罗大众的行为，观察他们，嘲笑他们的愚蠢，对他们的疯狂举动摇头。而这一系列行为会让我们的情绪更加亢奋。一些学术研究表明，这是由于电影中展现的那种亲密而又温暖的感觉，与约12 000米高空中坐在陌生人身边的残酷现实形成了极端对比。对我来说，这个结论是正确的，因为我只有在飞机上看电影的时候才会哭，哪怕是最烂的电影都会让我流下眼泪。即使是那些在地面上观看时几乎笑不出来的喜剧电影，我也会为之大笑。

●我们的情绪总是会被液晶屏幕里的图像影响

电影结束时，蜘蛛侠获得了胜利，但在我面前的这面真实的液晶屏中，没有记录下任何我刚刚看过的场景。它此刻一片空白，正在迎接下一场梦，而我不再觉得自己是神灵了。我看了一眼苏珊，她正把自己裹在毯子里睡觉，蜷缩在一个看起来很舒服的位置，尽管以我的经验判断，那样睡肯定不舒服。我很想再次打开遮光板，让我的眼睛再享受一次晴朗蓝天的洗礼，但我不想冒险惊醒苏珊。我不确定自己是不是困了，想了想，似乎可以试着打个盹儿。我脱下鞋子，将椅背倾斜，努力忘了自己在飞机上入睡是多么困难的事儿。

第六章　人体分泌的唾液、汗液、眼泪

当苏珊将我从她的肩膀上粗暴地推开时，我的头正倚在那里。我突然醒过来，看到一条细细的口水从自己嘴里流了出来，还挂在苏珊的袖子上，这让我更加感到尴尬。我的手猛地向上将它一把抹掉，可又不好意思正视苏珊的脸道歉，只好假装还在睡觉。我把头耷拉到椅子的另一边，恨不得把头塞进坚硬的聚丙烯机舱壁和亚克力座椅罩之间的缝隙里。这很不舒服，还有些尴尬和痛苦，但我觉得这是自己应受的惩罚。我现在已经完全清醒了，眼睛却紧闭着。在我们俩都能合情合理地假装忘掉刚刚发生的事之前，我究竟还要保持多久这样的姿势？这是我经历过的最尴尬的事吗？并不是。细数起来，肯定有这么几件事：在学校把自己淋得浑身湿透；在去厕所的途中跑进了一家人头攒动的餐厅，而我当时特别想要呕吐；看着我的祖父对着我面前刚刚端上来的汤打喷嚏。每隔一段时间，我都会回忆这些人生中的恐怖场景，而它们似乎永不褪色。为什么身体中的体液会引起我如此强烈的情感？甚至“体液”这个词也让我感到不舒服。我们的很多风俗习惯都与控制身体的排泄物有关。但是如果没有它们，我们会遇到很大的麻烦。当体液还在我们体内的时候，它们对维持健康发挥着重要作用，可是为什么一旦它们离开身体，我们就会对其充满厌恶呢？

“先生，咖喱鸡块和意大利面，您需要哪种？”

开始供应飞机餐了。我在座位上扭来转去，假装刚刚醒过来，做着夸张的动作。

“啊？不好意思，有什么？”

●一顿典型的飞机餐

“您想要咖喱鸡块还是意大利面？”

“呃，咖喱鸡块，多谢。”我匆匆说道，松开了固定小桌板的旋钮。

自从将口水流在苏珊身上后，我就一直没和她进行眼神交流，但我预感到，这顿饭可能会让这段插曲变得更容易被想起来：现在我们都需要唾液了。

大有用处的唾液

我从面前的托盘里拿起面包卷咬了一口。它很松软，但也有些干。幸运的是，咀嚼让它变湿了，这还要归功于我的唾液腺。正在分泌的唾液不只是覆盖面包，避免它沾在我的嘴上，还提取了面包的味道。我先尝到了甜味，这是因为我的唾液溶解了面包中的糖分，并将它们送到了识别甜味的味蕾中。随后，面包的咸味与香味也开始显现出来。

味蕾需要一种液体介质来传递香味分子，这正是唾液进化的目的。面包本身不含汁液，所以你需要靠唾液享受美味，事实上，你还得靠唾液将它吃下去。但是你的唾液不只是能溶解味道，还能帮助你的味觉系统判断正在吃的食物是否有营养，如果食物中含有病原体或者毒素，它就会报警。唾液中的一些酶可以预先消化食物，所以你的味蕾，当然还有鼻腔中的受体，都可以在你吞咽前分析嘴里的东西。淀粉酶是其中最重要的一种，它将淀粉分解并转化为单糖，所以你咀嚼的时间越长，面包的味道越甜。在你吞咽碳水化合物后的很长一段时间里，淀粉酶还会继续分解碳水化合物以及你口中或牙缝间的所有残渣。

唾液还控制着口腔的pH值，主动保持着口腔的中性。pH值的范围衡量的是一种液体的酸性或碱性，刻度从0到14，其中0代表酸性最强，而14代表碱性最强[1]。纯水是中性的，其pH值为7，而酸性液体通常有酸味，比如柠檬汁的pH值约为2。多数饮料都是酸性的，包括橘子汁、苹果汁，甚至牛奶。它们尝起来并不都是酸的，因为里面通常还含有糖分，这有助于平衡饮料的风味特征（可乐的pH值通常约为2.5，但其中的糖分会让口感偏甜）。

口腔中的很多细菌都以糖分为食，并产生酸性物质腐蚀牙齿上的牙釉质，由此形成蛀牙，所以牙医总是告诉你要少吃糖。然而，唾液会不断地将细菌冲走，使口腔的pH值恢复中性。唾液还含有处于超饱和状态的钙、磷酸盐和氟化物，这些物质会沉积在牙釉质上以修复牙齿。它们含有蛋白质，可以覆盖牙釉质并抵御酸；含有抗菌物质，可以杀死细菌；含有止痛物质，可以缓解牙疼；还含有其他各类物质，可以帮助清洁并愈合你嚼食时对口腔造成的细小伤口。换言之，你的唾液就是最原始的牙齿卫生护理剂，而对大多数其他动物而言，它则是唯一的一种。它不仅能够保护你的牙齿与牙龈，

(1) 根据定义，酸碱度测算的是液体中氢离子的浓度，将浓度数值以mol · L^{-1}作为单位并取其负对数，即是液体的pH值，严格来说，pH值可以有0～14以外的数值，但是在水中，通常是以此作为刻度范围的。

还能防止口臭（口中异味），而口臭是由舌根后部的细菌菌落引起的。

唾液从你的腺体中有规律地流出，不断地清洗并净化你的口腔。要想知道你究竟分泌了多少唾液，还得去找牙医，他们有吸取唾液的设备，在治疗的过程中会放入你的口中。这样，当他们在治疗你的牙齿时，就可以避免唾液碍事。然而，你的唾液腺对这种干扰并不友好，唾液分泌的速度往往几乎和被吸走的速度一样快。每个人平均每天会分泌0.75升到1升这种特殊的液体。

唾液腺是很多物种的共同特征，已经在动物体内演化了数百万年，并有着各种不同的用途。蛇的唾液腺分泌毒液，蝇幼虫的唾液腺分泌丝状物，蚊子的唾液腺在它们吸血的时候为你注射防止血液凝固的化学物质。一些鸟类会用唾液将它们的巢黏合在一起，事实上，像黑巢金丝燕这样的燕子，它们的巢完全是由凝固的唾液构成的，也是中国名菜炖燕窝汤的主要食材。

我们这就重新说回吃饭的话题。显然，对人类来说，唾液的一个主要作用是让食物变得润湿，这样食物就可以滑动或流动，而你就能吞下它们。没有了这种润滑作用，事情肯定会变得十分棘手，这在吃饼干大赛中得到了完美的验证。如果你从未参加过这个比赛，可以试着在不喝水的前提下，在1分钟之内吃掉尽可能多的饼干。对大多数人而言，干燥的饼干吸收了太多的唾液，只要1秒钟就能将他们的口腔刮伤，这让他们很难咽下这又干又脆的混合物。不过，唾液并不是对付一些干燥食物的唯一办法，我们还能在吃东西的时候喝饮料。这也能解释，为什么我们会把诸如黄油、蛋黄酱、植物油或人造黄油之类的脂肪涂在干燥的食物上，也是为了让它们充当润滑剂。

大多数人都能分泌足够多的唾液来品味我们想吃的任何食物，但有些人深受“口干症”的困扰，这是一种阻碍唾液充分分泌的疾病。口干症可能是由疾病引起的，但更多时候其实是因为药物的副作用。它可以让人极度衰弱，有时候甚至让患者根本无法食用固态的食物。当你感到压力和焦虑的时候，你可能也会出现暂时性的口干症。比如，你害怕公开演讲，那么当你演讲的时候就会感到唾液腺延缓分泌唾液，喉咙也变得干燥且不停吞咽，甚至连说话都会变得十分困难。当你读到这篇文章时，你可能会注意到你正在吞咽唾液，这是一种常见的反应，它只是让你的唾液系统与神经系统之间的联系变得更突出。

鉴于牙医从患者口中提取的唾液总是过量的，你也许会认为它可以像血液一样被用于治疗，还可以捐赠给那些口干症患者。但是，人们并不想要别人的唾液，这是一种我们很反感的黏液，甚至很多人会对与别人分享一瓶饮料而感到恶心，因为这样有可能吞下对方的一点点唾液。然而，恶心并不只是收集唾液的唯一问题。一旦排出体外，唾液就会快速分解，失去很多重要功能。因此，唾液不会被直接转移，制药公司会生产人工唾液，主要由防止蛀牙的矿物质、控制口腔pH值的缓冲剂以及帮助润湿食物的润滑剂构成，让你更容易地吞咽食物。人工唾液有凝胶、喷雾和液体等形态。一旦你的爱人或是你自己用上了这些产品，你就会真的开始重视自己的唾液腺。

黏液为什么让人恶心？

我自己的唾液帮助我吃下了一个略微有些干的小圆面包，这也令我食欲大增，于是我将注意力转向托盘上那只小碗里的沙拉。沙拉里的西红柿切片看起来比黄瓜丁以及卷心菜丝大了不少，还有点儿干，让我没有胃口。除此以外，还有一小包调味料与沙拉搭配在一起，于是我试着将它撕开，并在这场力量悬殊的战斗中获得胜利。从包装袋中挤出来的米色调料太过黏稠，无法均匀地覆盖在沙拉表面，而是像小鼻涕虫似的，瘫在番茄和卷心菜上。这让我有些倒胃口。如果脱离了前后的场景，那么很多食物都会像这样看起来很恶心，而这正是我在做的事情。

如今的我，很少会对食物感到厌恶。但是当我还是个孩子时，我经常会厌食，而沙拉“鼻涕虫”则把我带回那些岁月。在我小的时候，母亲坚持要我吃掉摆在面前的食物，一旦我表示拒绝，她就会引用全球饥饿统计数据，告诉我有多少人会因为吃不上这些我不想吃的食物而饿死。可是这没什么用，我就是感到恶心，本能的恶心。我经常提醒她，对恶心而言，研究数据根本没有效果，但我还是得听她的话。一般情况下，恶心会战胜合理的论据。我还记得，当我试图或被迫吃下我讨厌的食物时，喉咙里总有一种刺痛感。小时候，我发现很多让我恶心的食物都是黏糊糊的，跟我面前这碗沙拉酱十分相像，它们嚼起来会发出“吱吱”“咯咯”“窣窣”“嗞嗞”的声音。液体的这种性质被称为黏弹性，即液体在短时间内变得像固体，但在长时间内仍然呈液态状。这也就是为什么你可以抓起黏液，并将它夹在手指之间，普通的液体可不会这样。它具有固体的特性，你可以感觉到，它的弹性正在抵抗你手中的压力。不仅如此，大多数液体都会散开，而黏液却聚在一起。但是当你继续握住它的时候，黏液就会开始流动并滴到你的手上，这种流动性制造了黏弹性中的黏性。发胶便是这样的状态，你可以将它抓在手里，但是它也会流动，只是非常慢。黏稠的洗发水和牙膏也具有黏弹性，在浴室的环境中，无论怎样我们都不会觉得它们很恶心，也许是因为我们不会吃掉这些液体吧。

黏液之所以看起来令人恶心，正是因为它潮湿而黏稠。但这是为什么呢？也许是因为它让我们想起了自己体内的液体，当它们存在于体外时，往往是健康受到威胁的信号。液态的粪便令人恶心，尤其是当你无意间赤脚站在上面，感觉到它从你的脚趾间挤出来时。相比之下，硬质的粪便，尤其是牛羊这些动物的硬粪便，几乎不会引起人们的反感。鼻涕若是青绿色的，会叫人十分恶心，要是看见有人把它吃下去，我们怕是会当场吐出来。不管多可爱的小孩子，鼻孔中流着绿色的黏鼻涕，都会叫人讨厌，除了父母，有时候甚至连他们都不是很乐意去处理孩子们到处流的鼻涕。事实上，正是因为这沙拉酱太像鼻涕了，我感到十分抗拒，决定不吃它了。

不过，尽管看上去粗鄙不堪，但唾液的黏弹性暗示了其结构中的一些内在复杂性。唾液中最重要的分子系列之一，是黏蛋白，这是一种蛋白质大分子，通常由黏膜分泌。黏液是你身体分泌出的一种黏性保护层，位于你需要接触外源性异物、毒素或病原体的地方，也就是鼻子、肺部和眼睛。当你暴露在烟雾中时，它是从你鼻子中流出的黏稠液体；而当你的眼睛进了灰尘，它便会在眼眶中堆积起来。黏液之所以是黏性的，是因为黏蛋白形成了一种线性分子，并产生很多功能性组分，随时可以与其他物质发生化学键合。换句话说，它的黏稠与树脂胶液的黏稠异曲同工。

当然，当你感冒或是出现其他感染时，你只要看看鼻腔里、喉咙里积聚的鼻涕和浓痰便可知道，黏液系统并不总是好的。黏蛋白分子是亲水的，这意味着它们会被水分子吸引。不同的分子相互结合，形成一个由长分子构成的网络，水分子则被缠在其间。这是一种凝胶，不过是具有黏弹性的凝胶。由于黏蛋白键的作用，黏液呈现出固态，但是由于黏蛋白网络很容易重新排列成新的结构，所以它又会像液体一样流动。于是，较大的黏蛋白分子就会各自沿着流动的方向排列，所以当你流口水时，唾液会粘在一起形成长条。它们既能粘在一起，还能保持流动，这赋予了唾液重要的润滑特性。蜗牛和鼻涕虫会分泌一种非常相似的物质，使它们向前移动。这些承载着黏蛋白的黏液，润滑了它们行走于世界各地的路线，也让它们无论走到哪里都会在身后留下痕迹。尽管很多人觉得这很恶心，就像他们看到其他黏液时那样，但蜗牛的黏液其实和人类的唾液十

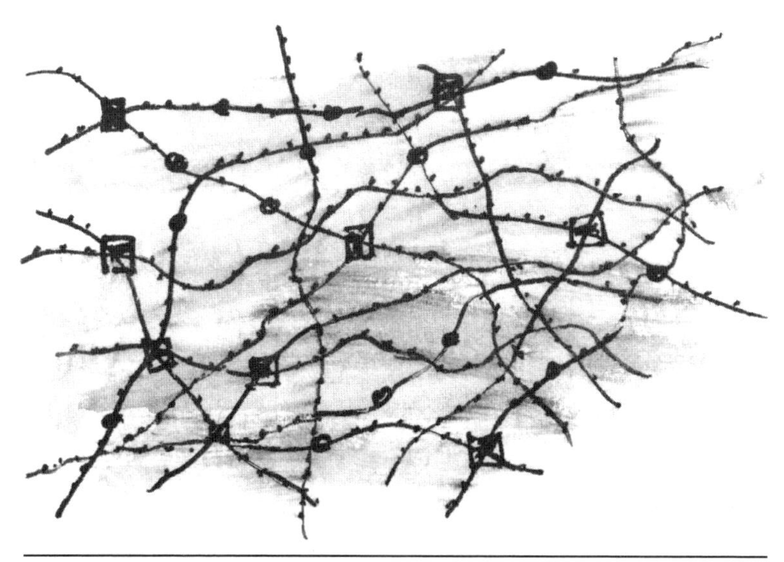

●黏蛋白分子的结构，展示了其中不同的功能组分（分别由正方形、圆形及三角形标记）如何构建起黏弹性的网络并将水分子缠在其中，形成黏稠的凝胶

分相似。事实上，蜗牛的黏液现在就被人们采集并制成面霜。在脸上涂抹这种面霜的功效尚未被证实，但这似乎并不会阻挡消费者去购买。

你可能已经注意到，唾液的黏弹性状态会在一天中的不同时段发生变化，这取决于你的饮食以及健康状况。有时候你的口水是湿湿的，而且流动性非常好，但有些时候，它会在嘴边挂成一串。事实上，还有很多方法可以改变它的稠度，这取决于分泌它的腺体。你的唾液腺是由自主神经系统控制的，它可以调节你的无意识行为，而唾液分泌就是其中一项。自主神经系统由两部分构成：副交感神经系统和交感神经系统。副交感神经系统负责让你舒适地进食，并在此过程中分泌出水性的唾液。交感神经在进食后起作用，并帮助你保持口腔润滑，防止出现感染或溃烂，即使是在你睡着的时候。交感神经系统分泌的唾液有不同的成分和微观结构，因此唾液会更黏、更纤长。这就是我无意中流到苏珊身上的那种唾液。我迅速从眼角瞥了她一眼，头并没有转到她的方向，看看我是否能够揣测她此刻的心情。然而，她正在吃意大利面，脸上没有任何表情。

我觉得是时候对我的咖喱鸡投入同样的关注了。我取了一块塞进嘴里，也不知是叉子的尺寸不合适还是食物太多汁，我的下巴上竟沾上了咖喱酱。我不知道为什么这种事总是会发生在我身上，但是如果食物酱料比较多，而我又不去擦嘴，我的脸便会被糊上。其他人，包括我最亲近的一些人，都曾信誓旦旦地说，这实在是令人恶心。事实上，如果此事发生在别人身上，我也会因此感到恶心，所以，当别人反过来这么看我的时候，我也不明白自己为什么会惊讶于此。这似乎是一种社会规范，食物残留在嘴边会让人恶心，如果食物已经被咀嚼了一部分，就会更糟糕。如果食物和唾液混在一起，或是唾液在吃东西的时候从嘴角滴出来，那就无可救药了。令我的旅伴高兴的是，我不是一个爱流口水的人，还会在吃饭的时候不停地用餐巾纸擦嘴。

吃东西是一种社会实践，因为吃东西这件事与恶心的感觉总是离得很近，所以在大多数文化中，餐桌礼仪是非常重要的。婴儿和小孩子总是采取令人作呕的方式进食，因为他们不仅缺乏协调性，无法将食物顺利而又干净地送入口中，也缺乏自律性，难免会吃了又吐，或是将食物扔到桌子或地板上，甚至是父母的身上。我们社会的基本规则之一，就是有秩序地吃饭，具体来说，我们不能“反刍”自己的食物，也不能流口水或是张着嘴吃饭。与此相关的社会规范，即使是最野蛮的罪犯，或是最堕落的懒汉，也会老老实实地遵守。只有真正的疯子，精神错乱或是患了重病的人，才会无视这一公序良俗。

体液也可以很性感

所以，我尽可能干净利索地吃着咖喱鸡，很快就注意到自己的额头有些出汗了。吃咖喱的时候，我经常会遇到这种情况。咖喱中的辣椒含有一种叫作辣椒素的分子，它与口腔中的受体紧密结合，并传递出灼热和危险的信号。所以我们吃辛辣食物的时候，嘴里会产生灼热感，即使食物的温度并不高。你的嘴感觉被烫到了，那么你的身体通常也会做出反应，试图通过出汗来降温，我现在就是这样。汗液是另一种令人恶心的体液，尽管这一般都是间接的。如果你的衣服被汗浸湿，即使身上没什么异味，也常常会让人厌恶，比如，飞机上有人汗流满面地坐在你的邻座。相比之下，性生活时出汗却是可以被接受的，在大多数现代人眼里，出汗还可以提升性感指数。

得克萨斯大学最近做了一项研究，采用三域厌恶模型对受试者的厌恶行为进行了测试。所谓“三域厌恶”指的是：病原体厌恶、性厌恶和道德厌恶（有足够证据表明，这些不同类型的厌恶确实存在）。为了评估受试者对病原体的厌恶程度，研究人员询问他们看到“冰箱中剩菜有霉菌或新奇另类的食物”时的反应。而在评估性厌恶时，研究人员询问受试者，他们在不同形式的性经验或与不同性伴侣发生滥交行为时的感受。评估道德厌恶时询问的问题是，对学生在考试中作弊以获得更好的成绩、公司造假以谋求高利润以及类似的行为，受试者会有什么感觉。

最终，研究人员发现，那些更愿意尝试新奇食物或期待意外烹饪体验的人，其性厌恶的阈值也更高。事实上他们发现，总体来看，参与这项研究的男性的性交策略与他们对新食物的欲望及接受能力，在统计学上呈现出显著的相关性。研究人员提出假说，为了给潜在的伴侣留下深刻的印象，男性会降低对一些特殊食物的厌恶感，这是证明他们健康并具有强大免疫系统的一种手段，因此可以成为对方合适的性伴侣。换句话说，吃一些恶心的食物，可能勉强算得上是一种交配仪式。这听起来还是挺靠谱的，人们看到唾液时通常会感到恶心，但是当我们因为性而被某人吸引时，这种厌恶感似乎会有所降低。年迈的阿姨非要吻我们的嘴唇，那她就得用手扣住我们的双颊，防止我们因为恐惧而退缩，这实在太恶心了。但是，在和爱人之间发生舔舌或热吻的时候，唾液进行了交换，却是一种令人欲罢不能而又发自内心的湿润体验。如果你对这种湿润感到厌恶，那可能就会在性生活中遇到大麻烦，因为性爱过程中的润滑很重要。在不同的环境下，是同样的液体让我们得以进行性行为，厌恶感可以让你知道，即将进行的性爱将会在多大程度上缓解我们对体液的抗拒心理。

尽管如此，我还是很确定，我的咖喱鸡和我吃它的方式不可能被苏珊解读成求欢的暗示。我擦去下巴和嘴角最后残留的酱汁，然后盯上了托盘里的一小桶甜点。柠檬慕斯，我觉得这是一个不错的爽口食物，前提是柠檬的味道要浓郁。当我们的味蕾探测到酸味时，它们便会刺激我们的唾液腺，从而产生更多的唾液，以平衡口腔中的pH值。反过来，这也可以冲淡口中的浓烈味道，比如我刚刚吃的咖喱中的香料和大蒜。但是，如果柠檬慕斯中的柠檬味不够，我就必须在品尝慕斯的同时忍受咖喱味，这会影响我的食欲。幸好，这个甜品有着可爱而又清淡的泡沫质地，却又散发着强烈的柠檬香味，还是很令人愉悦的。

吃饭不仅是一种获得营养的运动、一种社交仪式或是求欢的信号，还是一种情感体验。之所以会这样，也许和我们消化美餐时所释放的激素有关，它会增加幸福感，让你感到被上天恩宠。每当我吃到美食时，这种幸福感就会从胃里油然而生，甚至可以令我热泪盈眶。

与唾液不同的是，在我们的社会中，人们并不会厌恶眼泪，即使眼泪也含有很多与唾液相同的成分——黏液、矿物质和油脂。眼泪有三类：基础性泪水、反射性泪水和心理性泪水。基础性泪水是眼泪的基底，它们有着保持眼睛不干燥的基本功能，眨眼时会润湿眼睑并冲洗灰尘，也能抵抗细菌感染。反射性泪水会清洗我们每天遇到的各种刺激物，包括烟和灰尘。心理性泪水则来源于情绪，比如，当你享受了一顿大餐，或是欣赏了美妙的音乐，抑或是恋人向你提出分手的时候，你都可能流下眼泪。这些眼泪的化学成分与基础性泪水或反射性泪水的成分不同，其中含有应激激素。这些激素的作用尚不明确，但是很可能与我们渴望沟通以及获得他人支持的诉求有关。我们看到有人哭，通常会产生同情心和安慰对方的欲望。双盲研究还表明，当男人看到女人的泪水时，睾酮水平会降低，并且不再那么容易飙升。

不是一切都和性有关。但是当涉及体液的时候，性总是很容易被想起。因此，苏珊会讨厌一个陌生人对着她流口水。

“先生，您吃完了吗？”乘务员问道。他推着小车停在过道里，指着我的托盘。

我将托盘越过苏珊的膝盖递给他，尽量以一种最能表示歉意的方式。然而我们实际上并没有说什么，甚至连眼神交流都没有。我还把自己的脑袋埋进了伸长的胳膊里，看起来像举着托盘献给乘务员。

第七章　提神醒脑的茶、咖啡

“先生，你需要茶还是咖啡？”机舱乘务员沿着过道推着小车问。机舱中大多数遮光板都已经降下，但是还有几扇未挡住的窗户，不时透过几道光柱打破昏暗，露出窗外令人不安的太阳。这段旅程长达11个小时，我们已经飞行了6个小时，乘客们都昏昏欲睡，乘务员看起来也很疲惫。

我喜欢咖啡，事实上，我沉迷于咖啡，不过我爱的是黑咖啡。我把它当成兴奋剂，而不是为了提神。在约12 000米的高空，我不想被刺激。另一方面，一个生手泡出来的茶，会比糟糕的咖啡更难喝。为什么会这样？我思考着这个问题，而乘务员正看着我，满是无聊和不耐烦。

“咖啡还是茶？”他再次问道。

我瞥了一眼邻座放在托盘上的饮料。那是装在塑料杯中的咖啡，杯子的把手很小，其实根本没什么用。乘务员还给了苏珊一个塑料袋，里面装有牛奶、糖、搅拌棒与餐巾纸。那些看上去都不是很吸引人，我肯定不会喜欢，一切都看起来冷冰冰的，有些程式化。

“茶，”我做出了选择，随即又补充道，“烫吗？我是说，它是不是用很热的水冲的？”但是我的声音被飞机发动机的嗡嗡声淹没了，又或许是乘务员有意忽略了我的问题。他把茶倒进杯子里，杯子和苏珊的那只一模一样，然后把它和调味袋放在托盘里递给了我。

茶应该是什么味道？第一口，我想找的是那种能刺激我所有味蕾的清香味道，不是带有泡沫和巧克力的卡布奇诺，而是一股层次丰富的愉悦感，微妙而又确凿，让我心生满足，不由自主地喊出一声“啊”。我想立即品味茶叶的清香，但不是去咀嚼真正的叶子，而是通过品味茶叶在我口中留下的微涩感，它干涩得足以冲走这浊气横流的机舱中的味道。我想要一种平衡的味道，在甜与苦之间斗争，但两者谁都不会赢，还有一丝咸咸的后味。如果还有些酸味，我希望它最少，刚好提升一点儿果味即可，将发酵的气味送到鼻腔中，让我精神饱满。颜色也很重要，红茶要金黄而透明，而不是黑到我连杯底都看不见。最理想的情况是，我能在茶端过来之前便发现这一点，而它却是已经从茶壶里倒出来的。我还想听到液体倒满茶杯时发出的咕噜声，这会让我想起生命中的一些时刻，比如和亲人们一起围坐在家中的餐桌边喝下一杯茶（和现在的情形完全不同）。

满怀着期待，我喝了一口。

实在是太难喝了。

这茶喝起来就像是一杯温热的可乐，没有气，也没有甜味。我又尝了一遍，看看是不是错过了什么。这一次，我尝到了杯中有一丝令人不悦的塑料味。我从眼角瞥了苏珊一眼，而她正在看书，心满意足地抿着咖啡。显然，我做出了一个错误的选择。

风靡全球的饮料

不过，茶被视为世界上最受欢迎的热饮料。尽管很难为这一说法找到确凿的事实证据，但是据估计，仅在英国，平均每天就要消耗1.65亿杯茶。相比之下，咖啡只有7000万杯。在世界上很多其他国家里，情况都是如此。那么，茶比咖啡好在哪里呢？更重要的是，为什么泡出一杯好茶那么难？

我的这杯茶，最初只是几朵嫩芽，从一种看似不起眼的常绿灌木上开启了生命旅程，而这种灌木只在热带或亚热带气候下生长。

●茶园

你也许会从这些植物身旁经过，却永远不知道它们是快乐的源泉，我们的祖先数千年来就是这样忽视了它们。这种灌木喜欢阴雨、潮湿的气候，因此在某些地方非常适合种植，比如中国云南省的高海拔地区、日本的山脉、位于喜马拉雅山的印度大吉岭，以及斯里兰卡的中部高地。世界上最好的茶，或者至少说是最贵的茶，是中国武夷山地区出产的大红袍，每千克能轻松卖出上百万美元。

地理位置、海拔高度以及不同生长季节的实际气候，都会影响茶叶的口感。茶叶生产商需要解决的主要难题是，如何将不同地区生产的茶叶混合起来，让他们的产品能够长年累月地保持统一的口味。

虽然茶的种类很多，但它们都来自同一种植物——山茶。绿茶和红茶（以及其他诸如白茶、黄茶、乌龙茶等变种）的区别在于茶叶的加工方式。每一个采茶季，茶树的所有新芽都是经手工采摘的。采摘后它们立即开始枯萎，而这会触发一些酶，从而分解叶子的分子结构。绿色的叶子首先会因此变成棕色，再变成黑色。如果你把一束香草放在冰箱中太长时间，便会看到这种变化。

绿茶是茶叶经采摘之后立即加热制成的。高温会让酶失活，使叶绿素完整地保留下来，绿色也由此长存。所以，叶子通常会卷起来，将细胞壁磨破，于是，产生味道的分子就很容易被提取出来。绿茶的风味由一系列味道构成：一类叫作多酚（葡萄酒中的单宁酸会让你想起它们）的物质形成的涩味；咖啡因分子带来的苦味；糖的甜味；果胶带来的丝般柔滑的口感；氨基酸那肉汤一般的鲜味；芳香油带来的芬芳。正是这些不同味道元素的精确调配，才成就了一杯上等好茶，并不是在最大限度上萃取它们。

制作红茶的茶叶与绿茶的相同，只是生产方法不同。在红茶中，茶叶枯萎后便会卷曲，其中的分子结构会在酶的协助下，与空气中的氧气发生反应从而降解。这是一种叫作氧化的过程，而它的颜色也将从绿色变成深棕色，并产生一系列不同的风味分子。如同苦味的单宁一样，不少多酚类分子也会被转化为更鲜美或有些果味的分子。这些构成红茶风味的分子已经氧化，所以不会因为继续与空气中的氧气反应而被破坏。在干燥之后，红茶可以比绿茶储存更长的时间，也不会因此失去原本的风味。

你也许会想，只要挑选上好的茶叶，将水加进去，就可以喝上一杯清爽的茶饮料了。然而，茶很容易被毁掉。其他含有咖啡因的饮料，比如可乐，无论你何时何地饮用，味道总是十分相似，因为它们是在工厂里生产的，饮料的风味并不会因为储存或运输而受到明显破坏。于是，很多潜在的错误都无关紧要了，你可以在错误的温度下（根据你的喜好）或是错误的容器中（也是根据你的喜好）饮用它，但是每一次你选择可乐的时候，它的化学成分肯定会保持不变。对茶叶来说，发明者们长期以来也采用了同样的处理方法，将茶的提取物液化，制成液态的速溶茶饮料，这样便可以在饮料机中冲泡了。到目前为止，这种饮料从没有流行起来，也许是因为它们的味道几乎完全不像一杯清爽的茶。茶叶中有太多的关键成分，这使它具有独特的风味，冲泡成饮料后这些成分会降解并消失，这也是茶饮料不如可乐受欢迎的原因。

如何泡出一杯好茶?

作家乔治·奥威尔虽说主要是因为《一九八四》和《动物庄园》这样的政治小说而出名，但他也十分关心劣质茶的问题，还因此发表了一篇关于茶的论文《泡出一杯好茶的11条准则》。这些准则包括使用茶壶泡茶的必要性、加热茶壶的重要性，以及牛奶应该在茶倒入后再加入杯中。科学并没有明确解释一杯完美的茶由什么构成，但确实证明了奥威尔的见解多么重要。基本上，4个关键变量可以彻底改变一杯茶的品质：茶叶、水质、冲泡温度与冲泡时间。

茶叶越香浓，泡出来的茶也越浓郁，但是这里也有个误区。如果你最喜欢的茶是用标准茶包泡制而成的，即使你喝到极度美味且极度昂贵的大红袍时，肯定也不会为之心动。我们承认，最好的茶就是你自己最喜爱的茶，虽然乔治·奥威尔可能不同意。什么东西是最好的？这一评判标准归根结底还是主观的，就像葡萄酒以及大多数物品那样。此外，如果你从来没有机会喝到各种各样的茶（市面上大约有1000种茶），那么你很可能会从中发现更喜欢的一种。从风味特征上说，茶和葡萄酒一样复杂，高昂的价格可以从一定程度上反映出这一点。但是它也很容易受到势利眼的影响，这也是葡萄酒产业中的恶习，稀缺性与知名度往往被视为茶品质量的保障。茶的跨度也实在是太广了，从绿茶到乌龙茶，到南美洲的耶巴马黛茶，再到斯里兰卡的红茶，要想找到你最喜欢的那一款真的很费时间。就我个人而言，我的最爱随时都在变。早上刚刚醒来的时候，我最喜欢的是一杯浓浓的加奶早餐茶，我觉得喝过之后很舒服，也很提神，但那并不算严格意义上的茶。下午，我想要来一杯黑伯爵茶，它是柑橘与佛手柑香味的美妙组合，打破了阴暗、潮湿下午的沉闷。

我想知道苏珊最爱喝哪种茶，如果她有所偏好的话，但她也可能不是爱茶之人。那些不喝茶的人有个麻烦，当他们到我家拜访时，我总是不知道该提供些什么。“你要喝杯茶吗？”这是一句我知道大家最爱听的话，甚至宾客进来后还没把门关上，我就已经脱口而出了。这个提议听起来微不足道，但它的含义是多方面的。它指的可以是“欢迎来到我家”，也可以是“我很关心你”，又或者是“我这儿有些上好的茶叶，它们是在千里之外的异国他乡被采摘并加工的，我是不是很有品位？”还别说，18世纪茶叶首次在英国流行的时候，这句客套话还真是这个意思。自那之后，泡一杯茶就成了英国人默认的欢迎仪式，比接吻、握手、拥抱，或其他任何一种国外很常见也很亲密的欢迎仪式都更为通用。因此，乔治·奥威尔坚持使用茶壶。茶壶不仅是泡茶的工具，更是代表一个家庭慷慨待客的物态形式。盛放在其中的体贴与关心、茶壶装满热水时的声音、悦目的外观、等待泡茶的时间以及杯子的摆放，无一不是仪式的一部分。

若是以饮茶作为欢迎仪式，你首先得用上等的水。这听起来显而易见，但这个变量似乎被奥威尔忽略了，而且考虑到茶主要是由水构成的，你很容易明白，这种成分会对茶的味道产生明显的影响。水的味道取决于它的来源，矿泉水与厨房自来水味道之间的巨大差别不言而喻，不过即使都是自来水，不同地方的也有各自的味道。矿物质含量、有机物含量以及氯或其他添加剂的存在与否，都会影响一杯茶的气味与味道的好坏。如果你想冲出一杯很灵动的茶，那就要用含有一点儿矿物质的水。蒸馏后的纯水味道很寡淡，但是矿物质含量过高也不会起什么好作用，水的味道反而会压制茶的清香，含氯量较高的水也是如此。正常的自来水一般来说都比较合适，但是水必须是中性的。酸性的水通常会带来一股金属的味道，这是连通水源地与水龙头之间的金属管道被腐蚀所致。碱性水通常会被尝出肥皂味，霉味则往往来自微生物的代谢物。有时候，水已经在管道中停留了很久，特别是早上。如果管道老旧，或是由某些金属制成，又或者有点儿酸性物质将它们腐蚀了，水就会出现某种异味。如果遇到这种情况，你应该先打开水龙头放一会儿水，再灌满茶壶。如果你生活的地方水比较“硬”，说明水里溶解了大量的钙，通常是该地区的地质条件所致。水中的钙离子会与茶叶中的有机分子结合，从而形成一张固体的膜漂浮在杯子顶部，这就是浮渣。它会让茶看起来不那么赏心悦目，也确实会破坏喝茶这一迎客仪式。如果你泡茶用的是硬水，可以先通过过滤的方式除去浮渣，或者用一只茶壶让浮渣沾在壶的内壁上。

一旦你找到了合适的水，就必须把它煮沸。泡茶的水温决定了哪些风味分子会溶解在水中，也就决定了茶水的口感、味道与颜色间的平衡。如果温度太低，许多风味分子不会溶解，茶水不仅会喝起来索然无味，颜色也比较淡。但是过高的温度同样很糟糕，太多的单宁和多酚溶解后会赋予茶水苦味与涩味。这些成分在绿茶中的浓度特别高，所以如果你不想喝过于苦的茶或是被涩得舌头发麻的话，泡绿茶时的最佳水温应该控制在70℃到80℃之间。

咖啡因是一种非常苦的分子，不易溶于水。如果你想泡一杯高浓度咖啡因的茶，应该把水加热到更高的温度，这样泡茶的时候就会溶解更多咖啡因。幸运的是，由于红茶被氧化了，其中所含的单宁和多酚会有所减少，这让红茶即使在更高的温度下冲泡也不会变得过于苦涩，因此，你可以品尝一杯高浓咖啡因的茶却不必为此皱眉。红茶在100℃条件下煮5分钟，会产生一种厚重而浓烈的味道，这样一杯茶里的咖啡因含量通常会达到50毫克（普通咖啡的咖啡因含量为100毫克）。不过，飞机上泡茶的问题就在这里。在约12 000米的高空，机舱内的压力比海平面的气压更低，这就降低了水的沸点，并影响了茶的味道。对泡茶而言，重要的不只是水的初始温度。为了让决定风味与颜色的分子成功溶解到水中，茶叶需要与水持续接触一定的时间。如果在泡茶的过程中水温下降过快，那么萃取到的风味分子就会减少。如果你在寒冷的地区泡茶，或是在你泡茶前所用的泡茶容器太冷，导致热水因加热茶壶而自身温度骤降，就会出现上述问题。因此，乔治·奥威尔坚持认为，泡茶前应该先加热茶壶。你可以通过长时间的浸泡来弥补水温的下降，但还是不能泡出一杯完美的茶，其中咸、甜、苦、酸、香等味道的平衡，以及制造出层次感的数千种独特挥发物的比例都会不尽相同。

所以，这就是关于茶的问题。它的成分太复杂了，还有太多的变量影响它的风味（茶的种类、水质、冲泡时间以及水温），所以它很容易让你失去耐心，致使泡出来的茶往往完全不是你预期的那样。

●喝茶，是一种迎客仪式

我现在喝的这杯茶，遇到的正是这个问题。空乘人员已经尽了最大的努力，用更长的冲泡时间来弥补飞机上开水沸点过低的问题，并把茶水储存在一个加热过的不锈钢高壶中，从而在整个冲泡过程中使茶水保持较高的温度。但是，他们花了很长一段时间才将小推车推到了我这里，大概是泡好茶之后的15分钟，茶水一直在壶中，随着时间的流逝而不断变凉，味道也没那么好了。最后，当空乘人员将茶水倒进我的小塑料杯时，它已经失去了大部分的果香和茶叶香。虽然它本身风味十足，可惜已经凉了，苦里还透着酸，杯子本身又散发着一种特殊而又辛辣的味道。所有这些因素加起来，导致我没能获得那种想要的清新而又解渴的体验。恰恰相反，它几乎让我反胃。我本不该选择茶的。

先加奶还是先倒茶?

但后来我又犯了个错误。我想，也许可以借助乘务员给我的那些小塑料包里的东西，把那杯茶从令人失望而又乏味的褐色液体中挽救回来，让它变得美味。我打开圆柱形的牛奶杯，将牛奶倒进杯子里，用聚苯乙烯小棒搅拌着混合物。茶水的颜色从深褐色变成乳状的赭石色，看起来很舒服。我喜欢奶茶。牛奶很甜，并且含有大量的盐和脂肪。牛奶中的脂肪呈微小的液滴状，尺寸大约是1毫米的千分之一，它们赋予牛奶很多风味，也带来了丰富的口感。当牛奶被倒入茶水时，这些脂肪液滴便会分散开来，决定了饮品最终的颜色与味道。它们为奶茶增添了一种麦芽的香气，几乎是焦糖风味，还制造出了奶油般的口感，这与茶的天然涩感正好相反。牛奶还吸收了很多茶叶中的风味分子，降低了茶的果味和苦味，也使口感更加丝滑。

书名

作者

我的评分

★ ★ ★ ★ ★

阅读日期

最爱金句

我的书评

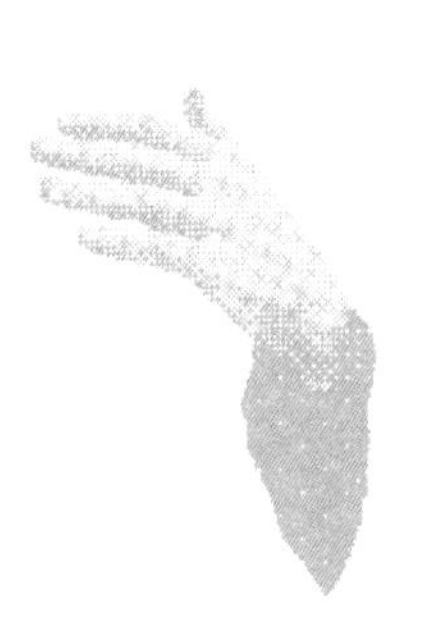

UNREAD

在英国，何时往杯中加奶，是人们争论的焦点。有些人建议在倒入茶之前就加奶，因为随着越来越多热茶的加入，牛奶的液滴会被缓缓地加热。这样做可以避免让牛奶蛋白达到过高的温度，导致分子结构改变并发生变性，使牛奶呈现出“凝固”的味道。有些人还认为，先倒入牛奶，可以让陶瓷茶杯避免受到热茶的热冲击，从而防止杯体破裂。即使这是个历史事实，如今已不再是个问题，因为现代陶瓷远非当年可比。不过，在其他人眼中，先倒入牛奶的想法实在是讨厌。他们认为，完美的奶茶应该先倒入茶，再放牛奶。乔治·奥威尔便属于这一阵营，他认为，这样可以让你按照自己最喜欢的乳脂比例去选择合适的牛奶添加量。

你也许会怀疑，加入牛奶的先后顺序是否会对奶茶的味道带来影响，这可能是非常微小的差别。然而，在罗纳德·费希尔（Ronald Fisher）[1]的《实验设计》一书中，他对这一问题进行了严谨的研究，并为此发明出新的统计方法。不出所料，在随机品尝实验中他发现，奶茶中的牛奶是先加还是后加，真的会被人们尝出来。

罗纳德·费希尔的描述方法彻底改变了统计学的数学准则。遗憾的是，这并没有彻底改变英国人泡茶的方式。因此，即使到了今天，你在咖啡馆点了一杯茶，也很少有人知道，牛奶和茶的添加顺序对有些人来说也是有区别的。这一点实在让我生气。比如，在火车站的时候，他们经常只是把茶包放到一杯热水中，紧接着就将牛奶往里倒，然后端给你，好像在说“我已经加了所有的配料，所以这肯定是杯茶”。“但是，你还没问过我，牛奶是先加还是后加。”有的时候，我按捺不住内心的愤怒，也会这样脱口而出。在这件事情上，我和乔治·奥威尔的态度一致，我希望牛奶是后加的。但我还是想让他们问我。我十分肯定，乔治·奥威尔也会同意我这个观点：目前正

(1) 英国统计学家，现代统计科学的奠基人之一，曾通过统计学解释了很多进化论的问题，他的奶茶实验也是一项十分著名的实验。

是英国泡茶传统的最低谷。茶仍然是大众饮料，但是如果这一趋势持续下去，咖啡很可能会取代它。与茶不同，在过去几十年里，全国广泛供应的咖啡已经显著提升了质量，而这主要源于一项工程学技术——浓缩咖啡机。

亲手试试烘焙咖啡豆吧

我的邻座苏珊正在喝咖啡，咖啡的原料咖啡豆一开始生长的环境，比茶叶的更为炎热。咖啡通常生长在巴西或危地马拉等国家的森林中，那里的夏季温度很高，雨量充沛。与茶树一样，灌木型的咖啡树也进化出了化学防御系统。为了保护自己不会被昆虫等动物吃掉，它们采用咖啡因这种强效的生物碱形式，摧毁动物机体的新陈代谢。咖啡因的苦味是我们的口腔发出的一种生物信号，警告我们正打算喝的东西可能有毒。但是就咖啡因而言，我们表示无视。为什么呢？这可能是因为我们已经越来越喜欢咖啡因对自身造成的影响，类似的还有其他一些自然界形成的生物碱，如尼古丁、吗啡和可卡因。然而，在所有这些精神活性物质中，咖啡因还是最受欢迎的。它刺激神经系统，缓解困意，从而让我们更加警觉。它也是一种利尿剂，可以促进尿液的分泌，这会造成你喝了浓咖啡以后总想上厕所。高剂量的咖啡因会导致失眠和焦虑。和酒精一样，咖啡因会直接进入我们的血液，所以它的作用立竿见影，而且和其他生物碱一样，它具有成瘾性。一旦你开始有规律地喝它，再想停下来就是难上加难，戒断症状也非常严重，它会让你头痛、疲劳、易怒，甚至迟钝。

我们喝的咖啡是将咖啡豆磨碎制成的，而咖啡豆是咖啡树的种子。它们含有大量以糖的形式存在的碳水化合物，这可以为新芽提供所需的能量。咖啡豆中还含有蛋白质，它们可以为植物生长提供最核心的分子机理，并在繁殖过程中指引着种子成长为一棵新的咖啡树。一旦咖啡豆成熟，咖啡树的果实就会被采集并发酵，人们从果肉中取出咖啡豆并将其干燥。这时候，它们是白里透青的硬质豆。接下来的步骤是将它们烤熟，这是咖啡中大量风味物质形成的过程。如果你愿意的话，也可以自己烤咖啡豆，我就曾试过。我从本地的供应商那里买了一些生咖啡豆，把它们放进不锈钢筛子中，拿着热风枪在上面吹了一会儿，不停地晃动筛子。我在5分钟内烤出来的咖啡豆足够制作一杯咖啡。如果你喜欢咖啡，真的应该尝试一下，会学到很多有关咖啡的知识。

当你加热咖啡豆的时候，你会首先注意到它们的颜色在变化。咖啡豆先是变黄，这是由于其中的糖分出现了焦糖化反应。然后，你会听到豆子在压力下裂开的声音，这是因为随着温度的上升，豆子中的水分开始挥发，蒸汽产生的压力开始增大。当你继续加热时，豆子中的一些分子开始分解，它们也会相互发生反应。这是一种与茶叶加工颇有差异的加热方法。热量对茶叶而言，主要是阻止一些化学反应，咖啡豆的烘焙却诱发了一些反应，并形成咖啡的大部分味道。最重要的化学反应之一，发生在咖啡豆的蛋白质与碳水化合物之间，它被称作美拉德反应，此时咖啡豆的温度要处于160℃到220℃之间。美拉德反应形成了大量的风味分子，你可以在反应开始时立即闻到它们，也就是在此刻，你的咖啡豆获得了咖啡特有的香味以及很多风味特性。当你烤面包的时候，正是这一化学反应使面包皮更美味。如果是烤牛排或煎牛排，牛肉表面也会因此变得酥脆可口。这一反应令咖啡豆的颜色由黄色变为褐色，并释放二氧化碳气体，最终在冲泡咖啡时产生一层浮在表面的奶油状泡沫。此时，你会听到咖啡豆“噼啪”作响，这是由于内部产生了气体，导致它们膨胀直到破裂。

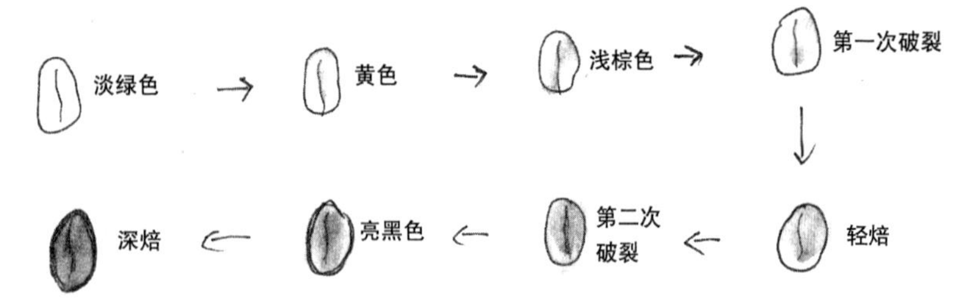

●咖啡豆在烘烤时的颜色变化

如果你继续烤咖啡豆，便会看到它们逐渐变为非常深的棕色，并且随着酸和单宁的分解，其风味特征也变得更加醇厚。随后，你将听到第二次破裂的声音，因为它们的内部结构变得更加脆弱。你还会看到，少量的油脂渗到了咖啡豆表面，这说明它们的细胞结构已经完全解体。这些油脂约占咖啡豆的15%，在表面留下类似于法国烤肉的特殊光泽。如果你在这个时候继续炙烤，便会得到一颗颗更光亮的咖啡豆，但它们没有那么美味了，高温会将分子分解成更小的结构，风味因此减少。你也会因此痛失很多可溶性碳水化合物，而这是咖啡中糖浆口感的来源。一般来说，咖啡豆的颜色越黑，其风味特征越普通、单一。

当你自己烤咖啡豆的时候，你可以随心所欲地调制各种风味，直到找到一种完全适合自己口味的豆子。我的“自食其力”让我对咖啡厂商佩服得五体投地，即使只利用两个明显的变量——温度与烘烤时间，你也可以用同样的咖啡豆创造出各种各样的风味。

一旦你烤好了咖啡豆，就必须将它们蕴含的所有风味都萃取出来，并倒入你的咖啡杯中。已知最早的咖啡研磨与冲泡方法，出现在15世纪的也门。那里的阿拉伯居民用简单的杵和研钵将咖啡豆磨碎，然后混入水中并加热煮沸。在中东，这仍然是一种很流行的咖啡制作方式，通常被称为土耳其咖啡。用这种方法煮咖啡，可以让你喝到一口浓郁的黑咖啡。这种液体不仅含有咖啡的风味成分，还

●烤咖啡豆

有咖啡渣，故而饮品的口感会受到影响，被赋予一种丝滑的质地。但是当你快要喝完杯中的咖啡时，这种柔滑却变得像沙砾一般粗糙，这是因为较大的固体颗粒在杯底形成了一层厚厚的沉积物。土耳其咖啡也很苦，在沸点下冲泡咖啡渣，会让很多诸如咖啡因之类的苦味分子溶解在水中。一般来说，人们会在咖啡中混入适量的糖以抵消苦味，从而制出一种又甜又苦的高浓度咖啡因饮品。正如医生建议的那样，如果你想因为某种味道的强烈刺激而兴奋起来，只要去喝高糖和高咖啡因的“组合”就可以了。不过，尽管这样泡出来的咖啡让人满意，但是果味会在咖啡豆的发酵过程中丧失，一起消失的还有烘焙咖啡豆时的坚果味与巧克力味。

因此，我们发现了咖啡的最大问题之一——它闻起来往往比实际喝起来的味道更好。这是为什么呢？因为冲泡咖啡的时候，很多本应在口中释放出来的香味已经扩散到了空气中，于是留下的大部分是苦味和酸味，只剩很少的香味分子。为了避免在冲泡中失去太多的香气，最好在较低的温度下冲泡，这样也会降低咖啡中的咖啡因含量并抑制苦味。

虽然土耳其咖啡的丝滑质地相当令人愉悦，但最后那一口咖啡渣并不是很好喝。因此，将咖啡渣与液体分离，就成了冲泡咖啡过程中的一个主要目标，咖啡过滤器因此大受欢迎。一张细网或滤纸可以让热水与细小的颗粒接触，随后液体会透过滤网流进另一个容器中，颗粒却被拦了下来。这个过程的进行速度取决于水穿过咖啡渣时的难度。如果咖啡渣太多或者粉末太细，水就需要很长的时间才能穿透滤网，这会造成温度下降，液体便不可能提取到所有可以赋予饮料风味的分子。如果泡咖啡时的水太多，或者颗粒太粗，也会造成这杯咖啡过于清淡、主体成分少、酸度过高，因为水没有与颗粒接触足够长的时间。

摩卡咖啡壶与浓缩咖啡壶

但是如果你把这些处理得恰到好处，过滤可以为你带来一壶清澈、金色并且没有残渣的咖啡。只不过，不会出现“克丽玛”。对很多人来说，一杯完美的咖啡应当有克丽玛漂浮在液体的顶部，克丽玛是由烘焙过程中产生的二氧化碳制造出来的一种泡沫，会在冲泡咖啡时从咖啡豆颗粒中释放出来。当你使用咖啡过滤器时，所有的二氧化碳都会在过滤时产生。不管怎样，在过去的400年里，人们发明了很多其他的方法以留住克丽玛，包括摩卡咖啡壶，当然还有浓缩咖啡机。

在形成克丽玛的过程中，咖啡机使用起来通常会比过滤器更快一些，因为咖啡颗粒首先会与约100℃的水混合，而在冲泡咖啡的过程中，温度会降低到70℃，这通常会持续几分钟（过度冲泡释放

●用于制作咖啡的摩卡咖啡壶

风味物质的边际效益会递减，还会增加苦味）。因此，当咖啡颗粒表面与热水接触时，风味物质刚开始被提取的速度很快，随后会随着温度的下降而下降，水进入颗粒内部的难度也会变得越来越大。这正是二氧化碳从颗粒中被释放的时刻，它随即“逃”到咖啡表面，与液体交织在一起，进而形成克丽玛。当咖啡冲泡完成后，你只需插入咖啡过滤器就可以终止冲泡过程并滤出咖啡渣。如果你立即倒出咖啡，就会得到一杯口味适中的热咖啡，漂亮的克丽玛正漂浮在顶层。要想在不增加苦味的同时煮出更浓的咖啡，你可以使用粗颗粒或含细颗粒较少的咖啡。细颗粒咖啡的缺点是，它们可以漏过插入式过滤器进入杯中，而粗颗粒的问题则是你无法从颗粒中萃取出足够丰富的味道。

解决这个矛盾的方法之一是使用摩卡咖啡壶。在这个装置中，水和咖啡渣被隔开存放在密封的空间里。当水被加热至沸腾时，就会形成灼热的蒸汽，并提升壶内的气压，最终达到大气压强的1.5

倍左右，推动热水淹没咖啡颗粒，煮好咖啡以后就会进入上层空间。使用摩卡咖啡壶能比咖啡机或咖啡过滤器萃取出更多风味，制作出的咖啡更浓烈。但是摩卡咖啡壶的缺点在于，随着蒸煮膛内的水位下降，热得超出想象的蒸汽会与水混合，高温的蒸汽通过咖啡渣时会提取大量苦味，通常让咖啡处于被烤焦的边缘。

浓缩咖啡机优化了摩卡咖啡壶的原理，成为加工出来最可靠，也有人说是最美味的咖啡。浓缩咖啡机因其可以在30秒内煮出咖啡而得名，它能将水加热到88℃到92℃之间，然后将其置于高压之下（大约是大气压力的9倍），再与咖啡颗粒混合。高压萃取出最丰富的味道，因为不依赖蒸汽，咖啡也不会过于苦涩。在这个过程中，速度很重要，这意味着咖啡中的挥发物几乎没有时间散发到空气中。最后，你将得到一杯浓郁的咖啡，坚果与泥土的清香，还有果味与酸味全都比例均衡地混合在一起，还夹杂着一股葡萄酒般的涩味。

浓缩咖啡机的机械装置可控性如此之高，使它每次都能制作出优质的咖啡，并且快得令人难以置信。这也就是它会被大多数商业咖啡店使用的原因，而且可以用它来加工的饮料数量似乎没有极限。如果用它本身的设定，这叫作浓缩咖啡；如果加了热水，你得到的是美式咖啡；如果加入等量的热牛奶和泡沫牛奶，你可以得到一杯白咖啡；如果直接在浓缩咖啡中加入泡沫牛奶，你便拥有了一杯卡布奇诺，等等。与茶一样，牛奶从根本上改变了咖啡的风味，让它的涩味变得柔和，风味也变得更加清淡，取而代之的是更多的麦芽味和奶油味。

飞机使用小型浓缩咖啡机为头等舱的乘客提供服务，为经济舱乘客提供的咖啡则是由过滤器制作出来的。由于飞机上的气压较低，水的沸点大约只有92℃，而这个温度对咖啡来说刚好是完美的。话虽如此，从冲泡到饮用，咖啡在这段很长的时间里一直保持高温，会失去很多本身的香味，只留下苦涩的味道，就像是从办公室的咖啡机里冲出的一样。

这并不是让你对飞机上那种热咖啡敬而远之的唯一原因。研究表明，我们对5种基本口味——酸、甜、苦、咸、鲜的敏感性会受到飞机噪声的影响，对嗅觉的感受也是如此。正因为存在这样的差别，你不可能像在地面上那样品尝飞机上提供的咖啡。这也与我的飞行体验相符，一般情况下，我在飞机上并不会如愿“享受”咖啡。

那么，哪种饮料更好呢？是咖啡还是茶？当然，每个人都会根据不同的情绪或是生活场景选择合适的饮料。不过有的时候，比如坐在飞机经济舱中，你就需要意识到，即使一杯茶更适合自己的心情，喝到一杯好茶的希望也十分渺茫，所以你不应该选择茶。我这么说，其实也是在提醒自己。我的这杯茶喝起来很糟糕，冲泡的温度太低，而且它是用茶袋制作的，顺着过道而来时早就在茶壶中冷掉了，用来装茶的杯子还有一股塑料味，飞机的噪声还使我的味觉变得如此迟钝，不管茶水里面有什么怪味我都喝不出来。它根本就不会给我带来我所渴望的强烈刺激。事后看来，我似乎更应该点咖啡。它的基础口感更强，可以更好地抵御机舱中的噪声，而它的冲泡温度更适合约12 000米的高空，至于飞机上使用的过滤工艺，起码也能制作出一杯说得过去的咖啡吧，尽管并不是最醇厚的那种。

我注意到苏珊已经喝完了咖啡，并打算让乘务员再斟满一杯，后者正提着一只壶走在过道里，看到有人抬头他便会扬起眉毛。当你坐在靠窗的位置时，从来都不会有什么好机会去上厕所，但我急着要去，也许是因为咖啡因的利尿作用。我还想到，如果我在苏珊新点的咖啡送到托盘之前走出去，也许我就能将那杯糟糕的茶忘掉。我向她示意我急着出去，她站了起来以便我可以钻出去。我双腿僵硬地走在昏暗的过道中，来到一块黯淡的绿色灯牌前，上面写着“卫生间”。

第八章　清洁杀菌的肥皂、洗衣液、洗发水、洗手液

当我蹒跚地走向卫生间时，我的腿脚似乎有些不便，那副不受用的膝盖“咔嗒”作响，飞机轰鸣地徜徉在平流层中，而我冷不丁地失去了平衡。有些乘客睡得正熟，毯子半盖在身上，当我沿着过道往前走的时候，我在液晶屏上迅速地看到了同行旅客们的观影内容：有的是舞台上正在唱歌的女歌手；有的是法庭上戴着假发的法官，表情严肃；还有的是正在四处跳跃的蜘蛛侠。有些人在睡觉，有些人在自己的笔记本电脑上敲击着，他们的脸被屏幕照亮。当我走到过道尽头的时候，我却发现卫生间里有人，我不得不在过道里等着，与那些正在服务商务舱乘客的机组人员挤在一起。我妒忌地从隔开我们的门帘缝隙中瞥了一眼，躺下的乘客们正像罗马皇帝一样享受着侍奉。然后我听到锁扣滑动的声音，一道亮光从厕所中漏了出来，一名男性迅速而又面无表情地离开了这里。我在他的脸上捕捉到一丝歉意了吗？当我进入卫生间的时候，我准备好迎接一股潜在的臭味，却发现空气并不难闻，带有一点儿人工合成的柠檬香味，这才松了一口气。

我抬起马桶座，撒了一泡长长的尿，然后按下启动真空冲洗装置的按钮。我总是感觉这有些危险，水被吸入并咆哮的持续时间有些太久了，好像是在说：“喂，你看什么呢？小心我把你顺着这个小孔一起吸走。”我转过身去洗手，面前摆着两个装有按压泵的瓶子。我选了其中一个看起来像肥皂的，往下按了两下，它便朝我的手喷出一点儿清澈的黄色液体。我从来没有真正喜欢过洗手液，也抵触

这种喷射方式。它总是会让我想起某种小宠物，当你抱起它的时候，它会吓得朝你手上撒尿。

当我还是个孩子的时候，洗手液还没有被发明出来，那时只有块状的肥皂。那种肥皂十分普遍，以至于洗脸盆都会设计出专门的凹槽来放置肥皂，这样它就不会滑到地板上或水槽中。如今，块状肥皂非常少见，也越来越不受欢迎。可这是进步吗？洗手液真的比肥皂块好很多吗？或者说，洗手液只是一种现代时尚，向我们推销虚假的产品理念，最终也会像喇叭裤或CD机一样消失？

用脂肪去油的香皂

如果不事先了解普通肥皂的优、缺点，上述问题就恐怕很难回答。肥皂是一种神奇的物质。你可以用最清澈、最干净或是最热的水清洗自己，但是对那些黏在你皮肤表面油腻又肮脏的污垢，你却无可奈何。在很长一段历史里，我们并不是很介意此事。人们身上臭烘烘、脏兮兮的，但没有人在乎。我们还需要解决更大的问题，肥皂怎么会变得如此重要呢？但这不是说，肥皂过去就不存在。在古代美索不达米亚的泥板上发现的肥皂制作配方，将肥皂的历史追溯到了公元前2200年，但我们几乎可以肯定，这种材料出现的时间更早。配方中描述的工艺与我们今天制作肥皂的方法类似：取出柴火堆的灰烬，将它们溶解在水中，然后加入熔化的牛油（动物脂肪）煮沸，于是你就神奇地拥有了一块朴素的肥皂。虽然美索不达米亚人未必会使用肥皂洗澡，但是在将羊毛织成纤维前，他们用肥皂清洁羊毛。肥皂可以除去羊毛纤维中的一种油脂——羊毛脂。

但你为什么会用脂肪去除油脂呢？答案就在草木灰的溶液中。阿拉伯词汇称其为“碱”，字面意思是“提取自草木灰”。碱和酸是两种对立的物质，但是两者都具有高度的反应活性，可以转化为其他分子。在这个例子中，碱可以转化为脂肪。

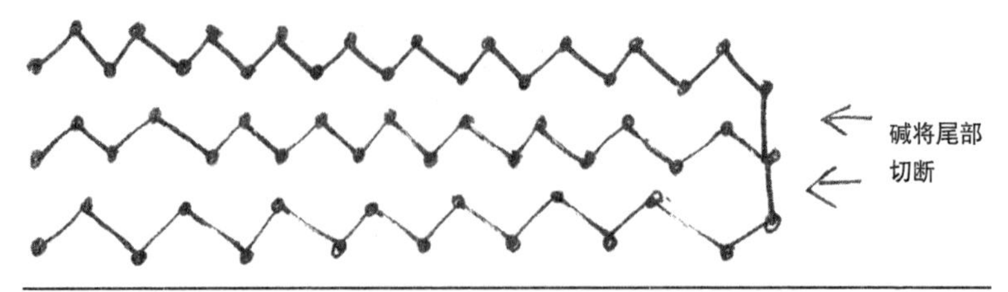

●牛油中的一种主要成分，叫作甘油三酯，分子上的三条“尾巴”可以用碱切断

诸如动物油脂这样的脂肪，由含碳的分子构成，具有甘油酯的三臂结构，其中一端通过氧原子连接在一起。这种结构与水完全不同，水分子要小得多，分子式为H_2O。水分子还是极性的，这就意味着分子上的电荷分布并不均匀：既有正电性的部分，也有负电性的部分。这种极性让水成为良好的溶剂。因为电荷作用，水被其他带电的原子或分子吸引或包围，从而将它们吸收。通过这种方式，水可以溶解食盐、糖和酒精。但是油脂分子不是极性的，所以不能溶解在水中，这就是油和水不能混合的原因。

然而，草木灰产生的碱可以解离为正电性和负电性两个部分，所以它可以溶于水。由此产生的溶液与脂肪分子发生化学反应，切断甘油三酯的三个尾部，并使它们带电荷，这就产生了三个肥皂分子（被称为硬脂酸盐）。重要的是，这些都是双亲性分子，它们有

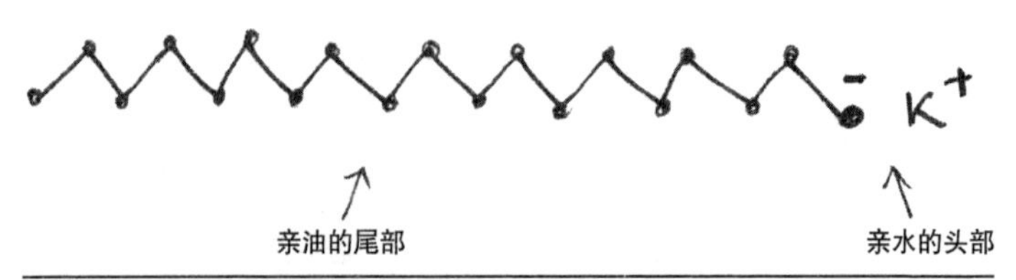

●肥皂中的有效成分为硬脂酸盐，图中可见其带电的头部，这是“亲水部分”，还有碳原子构建的尾部，这是“亲油部分”

一个带电的头部，喜欢溶解在水中，还有一个碳原子链构成的尾部，喜欢溶解在油中。正是这种双亲特性，让肥皂变得非常有用。

当肥皂分子与一滴油接触时，由于化学性质相似，碳链构成的分子尾部会立即埋进油滴中。而带有电荷的头部却想要尽可能离油滴远一些，所以它最终会从油滴中探出来。当更多的肥皂分子都这样做时，它们就构成了一种看起来很像蒲公英种子的分子结构：一团油滴被肥皂分子包围，它们带电荷的头部全都伸了出来。

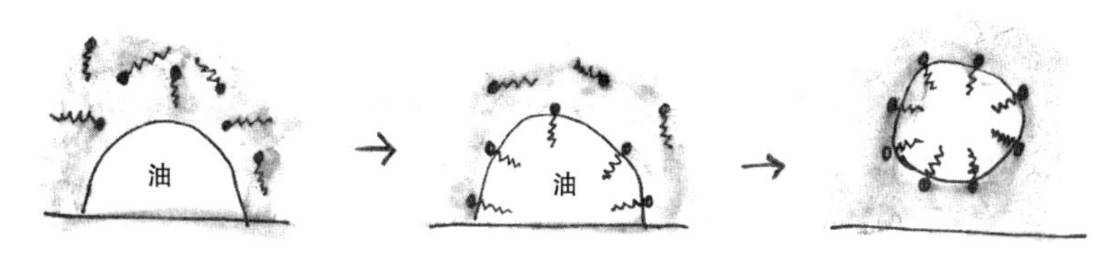

●肥皂有清洁作用，是因为硬脂酸盐等表面活性剂分子的特性。分子中亲油的尾端被油脂吸收，留下亲水的头部伸在外面。一团亲水的头部将油脂包裹，使其能够溶解在水中，这样就能清洁物体表面了

因为现在这团油或脂肪有了一个带电的表面，它就变得有极性了，所以很欢快地溶解到了水中。这就是肥皂如何清洁的方法——它可以将手上和衣服上的油脂分解成细小的球状液滴，使其溶解在水中并被冲走。

你用肥皂洗完手后会有一种干爽的感觉，这是因为肥皂将你皮肤上的油脂去除了。相反，肥皂之所以很滑腻，正是因为它本质上就是改性脂肪。所以，它非常容易从你的手中滑落。这一特性也让肥皂变成了润滑剂，当你试图从肿胀的手指上取下戒指时，肥皂可以助你一臂之力。

用肥皂清洗会产生一种特殊的液体，它的确是一种脏水，但它不仅由污垢组成，还含有脂肪微球。事实上，它悬浮于另一种液体之中，形成了乳液。乳液十分有用，因为它能让你把许多不同类型

的液体悬浮于水中。比如，蛋黄酱是一种油悬浮于水中的高浓缩液，油与水的比例约为3∶1。你可以使劲摇晃这两种物质的混合液，直到它们像奶油一样。但如果你停下来，液体就会分离，因为正如我们所知道的，油和水不能混合。但是如果你加入某种类似于肥皂的分子，它就可以使油滴稳定。对蛋黄酱而言，具有这种结合力的分子来源于鸡蛋，蛋黄含有一种叫作卵磷脂的物质，它具有非常类似于肥皂的结构（有亲油的尾部与亲水的头部）。当你将它加入油水混合物后，两者便会结合在一起，形成蛋黄酱。蛋黄也可以像肥皂一样清洁你的双手，很多洗发水的配方就是用蛋黄作为基础清洁组分。芥末是另一种可以使油发生乳化的物质，所以如果你在油和醋中加入芥末，便可以形成叫作“芥末醋汁”的稳定乳液，否则油和醋就不能很好地混合在一起。所有这些活性物质都以同样的方式工作，它们都有一个共同的名字：表面活性剂。

肥皂的清洁剂角色

肥皂不仅能去除油脂，还能去除附着在油脂上的细菌。用肥皂洗手，是防止细菌和病毒感染的最有效方法。尽管肥皂作为清洁剂效果很好，并在人类发展的早期就已诞生，但是将肥皂作为常规的清洁与个人卫生用品是现代才出现的。

纵观历史，不同文化对待肥皂的态度迥然不同。罗马人并没有真正使用肥皂，他们更喜欢机械地刮去身上的汗水和污垢，再用热水和冷水依次冲洗，这样便干净了。他们的公共浴室是其文化的重要组成部分，复杂的基础建设工程提供了热水与冷水。在欧洲，随着罗马帝国的毁灭，维持公共浴室的基础设施化为一片废墟，于是浴场也就不再流行了。拥挤的城镇没有洁净的水源入口，越来越多的人认为洗澡这件事存在健康隐患。在中世纪，许多欧洲人认为疾病是通过瘴气和浑浊的空气传播的，于是他们想到，洗澡会使毛孔打开，特别是用热水的时候，这就更容易让人感染一些疾病，比如鼠疫（它还有个更出名的称呼叫“黑死病”）。在这一时期，洗澡也和道德因素有关，要想神圣得像隐士或圣人一般，就要拒绝舒适与奢华。你的身上越臭，你就越接近上帝。

这种关于清洁的特殊态度并没有出现在世界的其他地方，因此来自东方的旅客就会发现，即使是皇室出身的欧洲人，身上也是脏兮兮的，散发着难闻的气味，就像我们以现代视角审视他们一样。但是，过去的文化规范以后世的眼光来看，往往都是令人作呕的。不久前，吸烟还是很正常的行为，办公室、餐馆、酒吧还有火车上，到处都充斥着烟味。我还记得在飞机上抽烟曾经也是被允许的。如今，我们却带着恐惧与困惑的心情，回顾自己当时是如何陷入困境的。从这个角度来说，欧洲人肮脏恶臭的时代，或许并不那么令人惊讶。

和吸烟一样，不洁的后果通常不只表现在审美方面。19世纪时，医生检查完分娩的妇女后，会在病床间来回穿梭，却从来都不换衣服或洗手，而这在当时是十分正常的。这种做法导致了分娩过程中产妇与婴儿难以置信的高死亡率。1847年，匈牙利一位名叫伊格纳斯·塞麦尔维斯（Ignaz Semmelweis）的产科医生指出，医生在接触患者之前需要用加氯的石灰溶液[1]洗手，患者死亡率会因此从20%降低到1%。然而，医生们对此不以为然，仍然不相信他们手上可能携带着感染物，大量患者因感染而死。直到19世纪50年代，英国一位名叫弗洛伦斯·南丁格尔（Florence Nightingale）的护士发起了清洁运动，这一主张才被普遍接受，先是在军事医院，

(1) 石灰溶液是指氢氧化钙，加入氯气之后，会产生次氯酸钙，具有消毒杀菌作用。

随后被更广泛地应用开来。最关键的是，她采集了统计数据，并发明了新型的数学图表，向医生和公众展示了她收集到的有关疾病和死因存在必然联系的证据。随着科学证据逐渐增多，细菌理论也慢慢被医生和护士接受，用肥皂进行卫生清洗也成了医院的普遍做法。当然，并非所有的肥皂都“生而平等”，肥皂在保持人们清洁与健康方面所扮演的新角色，出现在工业化与市场化共同塑造现代西方消费主义文化的时期。肥皂已经做好准备，从日用品向商业产品过渡。

洗衣液会刺激皮肤吗?

在约12 000米的高空中，在飞机上的一间小厕所内，我也希望用肥皂来完成一次过渡：从疲惫的旅行者变为一个精神饱满、干净利索的人。我在飞机厕所的小脸盆里洗手，在镜子中审视着自己。我的眼睛发红，周围的皮肤看起来又干又皱，而我的脸则透出一种病态的黄色。我检查了一下灯泡，看它是不是蓝色荧光灯。的确如此，“这或许就解释得通了”，我心想。不过，在后来进一步的检查中，我发现我的衬衫领子上沾了一点儿黄色的咖喱酱。苏珊也没提醒我一下，当然了，她又何必这么做？我本能地想用唾液把它清除，可它处在我的下巴下面，所以我不得不照着镜子进行整个操作。但我唾液中的酶对于黄斑（可能是因为咖喱酱含有姜黄）似乎没起什么作用，事实上，弄湿了衣领之后，污渍扩散得更大了。擦拭了5分钟后，我听到厕所的门上发出几下“啪嗒”的声响，而我把事情弄得更糟了。

洗衣粉是最早基于肥皂诞生的工业品之一。每个人都要洗衣服，卫生与清洁变得越来越重要，这也形成了19世纪人们对社会地位和阶级的判断标准。如果你穿着脏衣服去参加聚会、去教堂或是其他宗教集会，人们不仅会觉得你贫穷而卑微，还会将其归咎于不道德。恶臭与肮脏不再是美德的象征，细菌与疾病则与不卫生的坏习惯有关。因此到了1885年，当牧师亨利·沃德·比彻（Henry Ward Beecher）宣布“清洁仅次于虔诚”时，他表达了一种被普遍接受的主张，即道德与精神都会表现在物质层面，肥皂正是确立物质这一崇高地位不可或缺的辅助品。

与此同时，铁路和报纸的普及，将人们汇集在了一起，也让一条信息在全国范围内传播成为可能，肥皂品牌因此家喻户晓。在美国，宝洁公司（P&G）成为肥皂行业中最具影响力的公司。宝洁公司于1837年在辛辛那提成立，由英国移民威廉·波克特（William Procter）和詹姆斯·甘波尔（James Gamble）经营，销售蜡烛和肥皂，这两种产品都是使用当地肉制品行业的副产品牛油制成的。但是由于鲸油的普及以及后来煤油的普及，蜡烛行业开始衰退，肥皂市场却在增长。宝洁公司发明了“象牙”香皂，投入巨资在全国范围行销，并在各大报纸和杂志上投放广告。后来，随着收音机在20世纪20年代被发明出来，宝洁公司开始赞助连续广播剧，听众主要是白天独自在家洗衣服、干家务的女性。这些连续广播剧非常受欢迎，并且最终以赞助它们的商品命名——肥皂剧。

洗衣机的发明，让人们（主要是女性）从洗衣服这项社会活动中解放出来。随之而来的，是一系列清洗脏衣服的全新的产品。肥皂作为洗衣服的主要伴侣已经延续了近5 000年，却在忽然之间升级变成了洗衣液。洗衣液是清洁物质的混合物，既含有肥皂这样的表面活性剂，也有一些其他的成分，因此清洁效果更强，对环境的污染也更少。在肥皂中，分子中带电且亲水的头部会被水中的钙吸引，所以如果你生活在一个水质偏硬的地方，钙就会附着在肥皂上形成浮沫，就像硬水与茶之间发生的反应。不过，肥皂的浮沫看起来有些不同，这是你用肥皂洗手时，手上沾到的白色物质。浮沫不仅会造成不便，也浪费了肥皂；肥皂要是太少，就不能发挥清洁作用。除此以外，它还会在衣服上留下难看的灰色残留物。

如何避免出现肥皂的浮沫呢？那就得让肥皂对钙的吸引力弱一些。化学家发现了一类新的分子，它们很像肥皂，有着亲水的头部和亲油的尾部，但是利用这些分子时，化学家需要小心翼翼地控制电荷，使它们对钙的吸引力下降。它们都是新型的表面活性剂。

随着人们对清洁剂的需求不断增长，制造商之间的竞争也日趋激烈。公司雇用了他们所能找到的最优秀的化学家，希望能制造出更好的清洁剂。他们开发了含有温和漂白剂的清洁剂，与那些形成棕色斑点的物质进行反应，用化学手段将其去除，由此可以更好地保持衣服的白色。他们还将荧光分子加入洗衣粉，称其为荧光增白剂，附着在白色衣服的纤维上，并且在洗完以后一直保留下来。荧光增白剂能吸收肉眼看不见的紫外线并发出蓝光，使织物看起来“比白色更白”，这也成为很多清洁产品公司的广告语。如果你去夜总会，便会发现它们的工作原理：舞池里的紫外线激活了你白色衣服上的荧光分子，并使它们发光。

表面活性剂的范围也扩大了。阴离子表面活性剂（分子中亲水的头部像肥皂一样带负电荷）的出现，不只是为了避免浮沫形成并去除污垢，也是为了防止它们在洗涤过程中重新在衣服上沉积。阳离子表面活性剂（分子中亲水的头部带正电荷）则被开发为织物的调理剂。此外，还有非离子表面活性剂（分子中亲水的头部是中性的），即使在低温条件下也能去除污垢，并且比大多数其他类型表面活性剂的泡沫更少。避免泡沫产生是很重要的，泡沫不利于去除污渍。如果洗衣机填满了泡沫，就会变得不好用，因为泡沫很难被冲掉。事实上，洗涤剂中往往都含有消泡剂来抑制气泡的产生。

大多数洗涤剂都添加了生物酶，以减少洗衣服对环境的影响。这些酶有助于切断污渍中蛋白质和淀粉的化学反应，故而能够在较

●早期商品洗发水所用的广告

低的温度下去除污渍，这让低温洗衣机更有效，由此节省能源和金钱。我们管这种酶叫生物酶，因为它们源自生物系统中的天然酶，它们在降解和清除体内不需要的物质时，发挥的也是类似作用。英国的洗衣液有两种类型：生物型与非生物型。生物型洗衣液含有酶，尽管它们洗得明显更干净，但是非生物型洗衣液依然有人用，因为长久以来一直有个说法：生物型洗衣液会刺激皮肤，虽然这从未被证实。

洗发水与沐浴露里的神秘成分

显然，我们很在意衣服是否干净，但我们也会想要一头干净、光亮，还散发着清香的秀发，那就接着谈谈洗发水吧。英语中“洗发水”一词源于印度，它指的是一种使用油脂和乳液进行的头部按摩。这种做法在殖民地时期传入英国，最终，它变为表示一种洗头方式。第一款现代洗发水出现在20世纪30年代，由宝洁公司生产，商品名为“德娜”（Drene）。德娜采用的是一种新型的液态表面活性剂，温和不刺激。这款产品用玻璃瓶包装，瓶身上贴有绿色与紫色相间的标签。与此同时，宝洁公司后来的主要竞争对手——联合利华开始创业。这两家跨国公司之间的竞争，推动了清洁剂的创新。

如果你去观察一瓶现代洗发水的成分，很可能会发现一种叫作十二烷基硫酸钠的物质，或是它的近亲十二烷基聚醚硫酸钠。它们是构成现代洗发水的基本成分，都是非常有效的表面活性剂，不会与水中的钙离子发生强烈的相互作用，因此不会形成浮沫。除此以外，它们还能形成泡沫，这是我们认为洗发水不可缺少的特征。总之，它们非常非常好用。

●十二烷基硫酸钠。注意亲水的头部与亲油的尾部

当你使用洗发水的时候，泡沫会随着你的揉搓而产生，你涂抹头发时，空气被扯入水中。空气试图从水中逸出，当它到达液体表面时，就会形成一个气泡。如果你不使用任何表面活性剂直接清洗你的头发，泡沫就只是一层薄薄的纯水膜，与空气之间存在着很高的表面能，所以它会很快破裂。但是，当你在混合物中加入十二烷基硫酸钠这样的

表面活性剂时，一切都发生了改变。表面活性剂分子很容易聚集在包围气泡的那层薄水膜中，显著降低液体的表面能，使液膜变得相对稳定。当你把洗发水涂抹在头发上时，更多富有弹性的泡泡还会继续形成，最终形成一大片泡沫。由于表面活性剂同时聚集了所有的油脂，我们便会将清洁与泡沫联系起来，并通过起泡的状况来判断洗发水的效果。现代广告总是会强调这一点，但是泡沫并没有帮助洗发水实现更彻底的清洗，它所扮演的角色纯粹只在于审美层面。

十二烷基硫酸钠以及同系列表面活性剂的性能十分出色，价格也非常便宜，以至于它们几乎能在所有的清洁产品中占得一席之地。它们不仅存在于洗发水中，洗碗液、洗衣粉甚至牙膏中也能看到它们的身影，所以你在刷牙时嘴里会充满泡沫。同样，这些泡沫纯粹只是为了展示“看，我正在刷牙”。十二烷基硫酸钠最终取代了肥皂块，而且不只被用于洗头发，还成为人们沐浴时清洗其他部位的主要成分，这便催生了沐浴露。它们就像洗发水一样，被分装在小瓶子或按压式的容器中。因为十二烷基硫酸钠系列表面活性剂是透明的，所以它们在透明的瓶子里看起来很上档次，尤其是当它们像洗发水那样被上色添香之后。

不过，沐浴露的吸引力并不只是在美观上。当你沐浴或泡澡的时候，肥皂块有个缺点：一旦它湿了，就会变得非常滑。如果你在一个水质偏硬的地区洗澡，还用着一块肥皂，那么，当肥皂与水中的钙发生反应后，你会坐在充满浮沫的水中。如果肥皂从你的手里滑入浑浊的水中，你还有可能再也找不回这块肥皂。当你洗澡的时候，肥皂从你的手上滑落，它通常会像一颗跳弹般发射出去，然后在浴盆里“砰砰”作响，说不定还会降落在你可能踩到的地方，让你失去平衡，狠狠地摔上一跤。沐浴露可不是这样。

沐浴露被装在瓶子中，这也是它的一个优势。肥皂块必须放置在某个地方，通常是暴露在外的面板上。在那里，它外部的泡沫表皮和黏糊糊的浮沫开始剥落，这让它看起来丑丑的，不是很上镜，不像洗手液可以在每次使用后依然保持光鲜亮丽。即使再次变干，肥皂的外观也不会完全恢复，只要被使用了一次，肥皂就变形了。

洗手液走进千家万户

20世纪80年代，一家名为“迷你唐卡”（Minnetonka）的公司开始考虑如何将洗手液从浴室带进厕所与厨房。但他们知道，这款新产品需要让人眼前一亮，它不能像洗发水或沐浴露那样，当然也不能像洗衣液，尽管事实上它们都是非常相似的产品。他们只能将它作为一种全新的、富有诱惑力的产品销售给大众，并突发灵感想到了抽水机的概念，结果证明，这是一个天才的创意。过去那些担心在厕所里拿起一块湿肥皂却发现已经被他人用过的人，现在可以享受一种看似原始的体验，那就是直接将洗手液挤到他们的手掌中。不过，它并没能立即流行起来，并不是每个人都对此印象深刻。一些人认为，这似乎是对一个不是问题的问题提出了一个过于复杂的解决方案。其他一些包括我在内的人，如前所述，不喜欢这种让人联想到小宠物在自己手上撒尿的感觉。

不过，如果说在20世纪80年代，大众对洗手液的态度还有些暧昧不明的话，那么，20世纪90年代出现的新情况让他们决定使用洗手液。一种被称为金黄色葡萄球菌的细菌，通常会感染手术后的患者，而且随着时间的推移，这种细菌产生了能够耐受抗生素的菌株，因此变得异常棘手。这些菌株最初是在20世纪60年代被发现的，但是到了90年代，在抗生素甲氧西林治疗过程产生耐受作用的金黄色葡萄球菌感染，已经成为一种流行病。在英国，耐甲氧西林金黄色葡萄球菌（MRSA）感染问题占医院里所有感染病例的

50%，而在欧洲与美国也出现了类似的高感染率，导致患者的死亡率急剧上升。到2006年，英国已经有2 000多人死于这一感染，医院也在竭尽全力阻止这种细菌的传播。幸运的是，由于更严格的洗手制度出现，特别是要求护士与医生在与患者接触后务必洗手，因此在过去的10年里，由耐甲氧西林金黄色葡萄球菌造成的死亡率已经下降了。

然而在医院以外，一场公共卫生运动开始了，旨在宣扬洗手的好处，而它的关键作用在于促进了抗菌肥皂的发展。这种肥皂除了含有十二烷基硫酸钠以及和它相似的分子，还含有诸如三氯生这类抗菌分子。消费者往往认为，这些肥皂比传统肥皂更能阻断细菌的传播。这说明抗菌肥皂的市场营销非常成功，尽管没有任何证据表明它在抗菌效果上比普通肥皂和水更好，但是抗菌肥皂的市场需求十分庞大。事实上，美国食品与药品监督管理局药物评估与研究中心主任珍妮特·伍德科克（Janet Woodcock）博士说，某些抗菌肥皂对健康而言，可能没有任何实际好处。

她在一份声明中提到："消费者可能认为抗菌洗涤用品在预防细菌传播方面更有效，但我们没有科学证据证明它们比普通肥皂和水更好。事实上，有一些数据表明，从长远来看，抗菌成分可能弊大于利。"

2016年，抗菌肥皂在美国被禁止使用，但是在当时，洗手液已经渗透到了美国的每个角落。不添加抗菌剂成分的洗手液，如今在英国人与美国人购买的清洁用品中占了很大比例，它们依然出现在我们的医院、家庭，当然还有飞机上的厕所里，而我此刻正朝自己的手上挤了一些。

"当当——"飞机广播此时响了起来：

"我是本架飞机的机长。我们正要穿过一段气流，机上系紧安全带的标志灯已经打开，请所有乘客回到自己的座位上，谢谢合作。"

在厕所里有别人说话，会让人感觉有些奇怪。在这之前，我还有一种完全私密感，而这种私密感却在广播响起的那一刻突然烟消云散，就仿佛机长刚刚把头探进门来似的。我甚至偏执地认为，这一通知或许只是一个让我走出厕所的花招，因为我已经在厕所里花了太多时间阅读洗手液瓶子背面的成分表。

我用的洗手液其实含有十二烷基聚醚硫酸钠，很可能是由棕榈油或椰子油制成的。这些树木生长在热带气候环境中，对全球经济来说有着极其重要的意义。因为它们易于生长，还可以产出大量的植物油，所以对气候适宜的各国来说，都是稳定而又收益颇丰的经济作物。全球每年会生产5000万吨棕榈油，它们应用在从蛋糕到化妆品的各个领域。下次当你在超市时，看看饼干、蛋糕、巧克力、谷类食品等商品的配料表，你很可能在所有这些商品中发现棕榈油的存在。

棕榈油因其特殊的化学成分，特别适合用于制造洗手液。它含有很多十二烷酸，分子由12个碳原子的碳链构成，末端是一个羧基。它看起来很像是表面活性剂，但是没有带电荷的一段。不过，从化学角度来说，这很容易解决。它的大小才是最重要的，当十二烷酸被用于制造表面活性剂时，它会产生一个比普通肥皂分子短得多的分子链，后者通常有18个碳原子之长。

●十二烷酸的结构式，它也叫月桂酸，可以从棕榈油中提取

十二烷酸分子相对较小，形成的表面活性剂也就更小，而且正因为它更小，所以更轻，作为发泡剂也更有效。事实上，这简直堪称完美。我们对洗手液的喜爱，已经促使它们的产量激增，这也导致了人们对棕榈油和椰子油的需求大幅增长。而在马来西亚和印度尼西亚等油料产地，这又导致了大片热带雨林被砍伐，单一种植的棕榈树取代了丰富的生物多样性。这会带来各种各样的负面影响，不只是破坏野生动物栖息地并导致很多动物濒临灭绝，更是导致已经被边缘化数个世纪之久的原住民部族也流离失所。然而，如果对洗手液以及棕榈油其他用途的需求不减，这一进程仍会继续。

雪上加霜的是，我们耗费很长时间来制造这些由十二烷基聚醚硫酸钠制成的洗涤剂也就罢了，实际上对有些人来说，它们好得有些过分了。它们能够有效地去除油脂，因而会刺激皮肤，引发皮肤疾病，比如湿疹和皮炎。为了防止这种情况发生，洗手液的制造商只好在它们的肥皂产品中加入调节剂和保湿剂，避免十二烷基聚醚硫酸钠从你的皮肤中吸取天然油脂。于是，你可能会很高兴，你所使用的大多数洗手液，最终都流进了水槽，甚至不会和你的手发生作用。洗手液制造商试图通过增加液体黏度来解决这一问题，还推出了分配器将清洁剂挤出，挤出来的不是液体，而是预先配制的泡沫，这倒是更有用一些。泡沫分配器实际上非常有效，不仅是因为它们分配了你所需的少量表面活性剂以及大量空气，更是因为它们最终为泡沫创造了重要的用途。不像洗发水、沐浴露或牙膏那样只关乎审美，在泡沫分配器中，泡沫是将表面活性剂输送到你手中的介质。

总之，制造各种洗手液已经成为一项价值千亿美元的产业。我们依靠清洁剂来保持个人的卫生与清新，当然还有我们的衣服和头发。我们用洗涤剂清洗我们的盘子，或许最重要的是，在人口稠密的社会里，这是我们保持健康并阻止疾病传播的最有效方法之一。

但是，当我们购买洗手液的时候，我们却主要是为它们的营销买单。清洁剂的基本成分，也就是那些发挥清洁作用的组分，其实是最便宜的。这就让我们更有理由去关心产品如何制造，以及它们对热带雨林的负面影响。

至于我，我是喜欢肥皂块的。它的尺寸和手一样大，用它清洗的时候，会给我一种与实物接触的感觉，让我感到安心而舒适。没错，肥皂很难占领市场，但这也是我喜欢它的一部分理由。你买肥皂是因为你需要它，而不是因为你认为，它会让你成为一个与众不同、出类拔萃、很受欢迎或性感火辣的人。

此刻，这架飞机正以一种令人不安的方式摇晃不定。门外传来一阵尖锐的敲击声，乘务员问我是否还安好。我为此担心了好一会儿，我可能已经在厕所待了几个小时，因为洗手液的问题自怨自艾。但我很快意识到，他们担心的是湍流。我想，是时候回到自己的座位上了。不过在离开厕所之前，我还是犹豫了一下，手掌在水槽边的第二个瓶子上摩挲。这里面装着另一种液体，一种保湿剂。它为什么会出现在那里？我们真的需要在每一次洗完手之后都进行手部保湿吗？它们是不是增加消费压力的帮凶，却不管我们是否真的需要这些产品呢？它们难道可以让肥皂更有效地将手洗干净，然后提供保湿霜作为一种“解毒剂”？或者说，我只是一个偏执狂？不管怎么样，我试着从中挤出来一点儿。这是一个很好看的瓶子，保湿液有柠檬的清香气味，我难以抗拒。

第九章　对抗高温的氟氯烃、全氟化合物、丁烷

当我从洗手间走回来的时候，我经过了飞机上一扇巨大的椭圆形紧急出口：一扇舷窗，配了一把诱人的红色大号手柄。我总觉得打开飞机舱门是一种奇怪的愿望，也不知道是为什么。但是如果我真这么做了，机舱内的空气就会被吸出，随之被吸出的还有我和其他没有系安全带的人。所有系着安全带的人还会待在原地，但是飞机上的空气温度也会骤降到大约-50℃，空气压力也会下降，于是乘客们的呼吸变得异常困难。这个时候，正如我们在起飞前安全须知中所了解到的那样，氧气面罩便会从头顶上方的储物柜上落下来。

当然，高空中的低气压，正是我们会飞得如此之高的原因。空气密度越低，飞行的阻力越小，飞机越省油，就能飞得越远。然而，这给飞机工程师带来了一个双重问题，他们必须找到防止乘客窒息或出现低温症的方法。有了空调，他们得以实现这一点，而空调的历史，也涉及这个星球上一些最危险的液体。

我回到座位上，冲着苏珊报以道歉的微笑。我希望这个微笑可以向她传达我的歉意，因为我打断了她的阅读，让她解开安全带，迫使她站了起来，不小心还把她膝盖上的面包屑弄掉了。当然了，这都不是我的错，只是飞机座位安排的结果。不管怎么说，上厕所是一件再正常不过的事情，即使我已经去了相当长的时间。

苏珊笑着站了起来，好像在对我说："去洗手间没关系的，别担心。"她挤到过道里，我顺势从她身边溜了过去，回到了我的座位上。飞机还在剧烈地颠簸摇晃，我们都扣上了安全带。湍流是我们经过

区域的空气密度变化引起的，受制于以下天气情况：我们正在穿过稀薄空气与稠密空气的混合区，当飞机撞上稠密的空气时，由于阻力增加，速度也变慢了。然而当它钻进稀薄空气的口袋阵时，它就会突然出现高度下降，因为稀薄空气对机翼造成的升力较小。

但是，尽管外面的气压正在快速变化，但我的呼吸还相当平稳。机舱内的气压虽然比我习惯的压力更低，但是并没有波动。这还得归功于空调，一个高度专业化的工程领域，甚至爱因斯坦当年也对此颇有兴趣，并通过革新获得了多项专利。尽管当时他更在意的是拯救地面上的生命，而不是为了让人们在长途飞行中呼吸。

让爱因斯坦受挫的空调

爱因斯坦尝试解决的问题是：20世纪20年代，新发明的冰箱越来越受欢迎，冰盒则日渐式微，后者作为保持物品凉爽的方法已经沿用了数百年。但是，这些早期的冰箱并不是很安全。当爱因斯坦在报纸上看到柏林一个家庭的几个孩子因为冰箱里的水泵漏水而中毒时，他感到十分震惊。当时，冰箱使用的液体冷却剂不外乎以下3种：氯甲烷、二氧化硫或氨。它们都是有毒的。不过，由于它们的沸点很低，因此被用来制造冰箱。

冰箱的工作原理是将液体泵入冰箱内的一系列管道中。如果它们的温度高于液态时的沸点，它们就会沸腾。沸腾时需要吸收能量来打破分子之间的结合力（这被称为潜热），而这些能量就是从冰箱内的空气中获取的，这样就将空气冷却了。因此，对这些低沸点液体的要求是，要在冰箱内大约5℃的温度下沸腾。但是，要想让某种液体在冰箱中真正发挥作用，你还需要利用一台泵将其压缩并重新变为液体。

为了将气体压缩成液体，你必须要移除其中所有的潜热，本质上，热量是在气体中被“挤”出来的。这发生在冰箱的后部，你可以听到压缩机在运行，也就是冰箱断断续续发出的“嗡嗡”声，所以冰箱的后部总是很热。而你打开冰箱门并不会使房间降温，因为无论冰箱门打开后降低了多少温度，都会被后部因泵而产生的热量抵消，这是热力学第一定律的体现。这个定律说明，如果我们通过吸收能量让某种物体降温，那么能量就必须转移到其他地方，它不能凭空消失。所以，能量就从冰箱的后部出来了。

将泵安放在一组装有液体的管子上，再加上一个阀门，就可以让液体变成气体，这听起来很容易，却是一个相当大的工程挑战。气体处于高压之下，所以分子会不断运动，撞击管道的内壁。无论管道和泵在何处连接，系统中都会存在弱点，如果没有合适的材料，不断折腾的分子便会膨胀并逸出。这正是早期冰箱出现的问题。半夜里，氨气泄漏了，于是一家人都死在了床上。

爱因斯坦很想为此做点儿什么。作为一位专利律师，他也很了解机械和电机技术的复杂性。于是，他开始和一位名叫里奥·西拉德（Leo Szilard）的物理学家合作，尝试发明出一种新型冰箱，一种放在家中使用更安全的冰箱。他们想彻底放弃外部泵以及所有附属的连接原件，构建一个没有移动部件的系统，这样就不太可能发生故障。

从1926年到1933年，西拉德和爱因斯坦共同尝试了一些不同的方法，将液体处理成气体，再还原成液体，从而创造出一台能够正常工作的冰箱。当然，正如我们刚刚提出的，液体蒸发为气体时会为周围的环境降温，但是从另一方面来说，液体的回收始终是通过一台泵完成的，它迫使气体分子重新回到与另一个分子非常接近的位置，将它们再次压缩成液体。可见，必须用不同的方式实现这一点，而西拉德与爱因斯坦对此有很多设想。他们制作了工作模型并申请了多项专利，其中一种设计是利用热能驱动液态丁烷充满一组管道，在此它可以与氨结合形成气体，并产生冷却效果，然后将气体与水混合，氨气被吸收，而丁烷则通过管道循环，继续制冷。第二种方法是采用液态金属，首选水银，使其流经一组在电磁力作用下不断振动的管道。振动液体引起的振荡作用扮演了活塞的角色，从而将制冷剂从气态压缩成液态。这实质上是通过将一种液体作用于另一种液体来实现制冷，不需要使用任何移动的固态零件。与其他设计一样，工作流体被密封在管道中，所以据推测，这比当时采用的其他模型都更安全。

虽然不少商业机构对他们设计的原型都有兴趣，比如瑞典的伊莱克斯（Electrolux）公司购买了一项专利，而德国公司西托戈（Citogel）则开发了另一项专利，可是西拉德和爱因斯坦的伙伴关系却难以维系了。那时候，纳粹党在德国越来越受欢迎，对西拉德和爱因斯坦这样的犹太人来说，在德国生活与工作变得越来越困难。

西拉德搬到了英国，并在此推出了一项改变历史进程的发明，无关乎制冷，而是关于加热。这就是原子弹背后的原理：核连锁反应。与此同时，随着日益敌对的纳粹党开始掌权，爱因斯坦去了国外游学。爱因斯坦与西拉德两人最终都抵达了美国，在那里他们原本还可以继续合作，但是为时已晚。美国的科学家们也一直致力于使冰箱变得更安全，但他们采取了相反的办法来解决这一问题：使工作流体变得更安全，而不是放弃泵。1930年，化学家托马斯·米基利（Thomas Midgley）发明了氟利昂，它被誉为安全而廉价的液体，这也将爱因斯坦和西拉德赶出了制冷行业。不幸的是，事实证明氟利昂一点儿都不安全，但是直到50年后，这一真相才浮出水面，尽管托马斯·米基利就是因制造危险液体而出名的。

20世纪20年代，托马斯·米基利在通用汽车公司工作时，发现了一种叫作四乙基铅的液体，将它添入汽油，汽油会燃烧得更彻底，从而提高汽油发动机的性能。四乙基铅的性能很好，但它是含有剧毒的铅。米基利在工作期间，自己也中毒了。1923年1月，他这样写道："我发现我的肺部受到了影响，必须停止所有工作，呼吸大量新鲜空气才行。"尽管危险显而易见，他还是继续坚持研究。这需要很多年的时间，在此期间，一些生产工人遭受铅中毒的危害，出现幻觉甚至死亡，但是最终在1924年，米基利举行了新闻发布会。为了证明四乙基铅的安全性，他把液体倒在手上，并吸入蒸气，然后再一次铅中毒，但这并没有阻止他将四乙基铅投入商业生产。

四乙基铅后来在世界各地被用作汽油添加剂，但是从20世纪70年代起，由于铅中毒的现象越来越多，因此它逐渐被淘汰（在英国，直到2000年1月1日才被完全禁止）。此举产生了一系列积极影响，比如儿童血液中的铅浓度急剧下降，同时，也带来了很广泛的社会效应。举个例子，含铅燃料的使用率和暴力犯罪之间存在着显著的统计相关性，这就是铅作为一种神经退化物质的作用。科学家甚至还推测，禁止含铅汽油的使用会显著提高城市居民的智力水平。

看似无害的氟氯烃

然而，这一切都是在米基利开始研究安全制冷问题之后才发生的。到20世纪20年代末，他找到了解决办法。他的团队专注于低沸点的烃类小分子，如丁烷。这些物质的缺点是高度易燃并存在潜在爆炸性，所以它们会被当成打火机和野营炉具的燃料。

他们用氟和氯取代了烃类化合物分子上的氢原子，从而创造了一个新的分子家族，叫作氟氯烃（CFCs）。在这样做的过程中，他们可能会制造出比他们开始所用的烃类小分子更危险的物质。如果

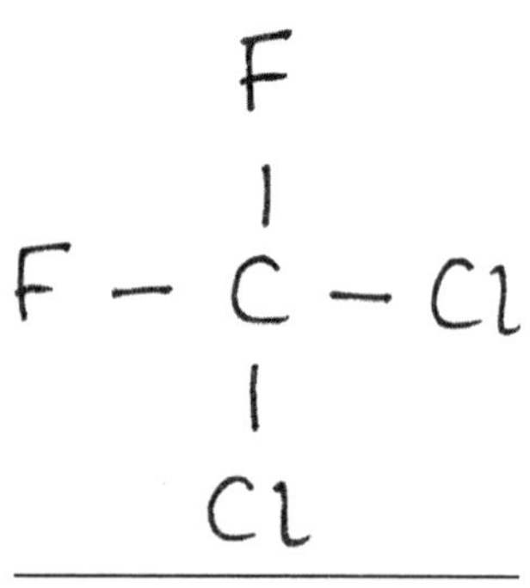

●氟氯烃的分子结构式

这些新的分子发生分解，它们会形成氟化氢，这是一种极具腐蚀性和毒性的物质。但是米基利团队认为这种分解是不太可能的，因为氟－碳键很强，所以这种液体会是惰性的，而且事实证明，氟氯烃的确具有化学惰性。解决制冷问题，这似乎是一个完美的化学解决方案，因为即使它们从冰箱后部泄漏，也不会杀死任何人。米基利在这一问题上是正确的，但他误判了氟氯烃的安全性。

氟氯烃被应用后，总是会从冰箱的后部泄漏，但其主要影响似乎只是冰箱发生故障，没有人因此死亡。由于生产它们的成本很低，因此冰箱的普及率也随之大幅上升。1948年，英国只有2%的家庭拥有冰箱，但是到了20世纪70年代，几乎家家都有。这真是个奇迹，一个原本依靠储藏室和冰盒为生的国家，转眼就变成了人人都可以冷藏食物和饮料的国家。冰箱让新鲜食物的配送率大大提升，减少了鱼、奶、肉类和蔬菜等生鲜食物的浪费，食品价格因此变得更低。这不亚于一场制冷革命，一切都要归功于看似无害的氟氯烃。

坐在闷热的飞机上，我感觉自己需要一点儿冷气。我摆弄着座位上方的喷嘴，想由此获取更多的空气。但它卡住了，我不得不把身子从座位上探起来，这样能多使点儿劲儿。最后，我总算把它拨开了，一阵凉风向我袭来。当我重新坐下时，大概是激起了座位上的一点儿灰尘，我猛地打了个喷嚏。它来得很突然，而且无法抑制，你对此无可奈何，可这严重违反了飞机礼仪，特别是当时我还没能用手肘捂住鼻子。前座的女乘客转过头来，通过座位间的缝隙盯着我，表示了她的不满。而一名站在过道里的男乘客，更是向我投来抑制不住的仇恨目光。同行的乘客们都毫不怀疑地认为我得了流感，或是什么更严重的疾病，而我不计后果地带病登上了飞机，很明显是无视了不宜旅行的医嘱。我估计这是我们每个人都曾犯过的一种罪，而且说实在的，病毒在飞机上传播很快，因为每个人都被紧紧地塞进了一个相对狭小的空间。我感觉很难堪。更为难堪的是，我打的喷嚏还有点儿湿，坐在我前面的人可能还感觉到了一两滴口水。苏珊最有理由感到被侮辱，但她并没有说什么，显然还沉浸在书中。我很想道歉，向大家解释这喷嚏是由灰尘引起的，因为我坐下来的时候很可能导致灰尘飘到了空中，但我不知道该如何开口。既然如此，我只好取出手帕擦了擦鼻子以及面前的乙烯基座位套。

空调系统本质上就是空气的制冷机。比如，在你的车里，空调系统让车内空气流经装有制冷剂的铜管，从而使空气冷却。冷空气不能含有高浓度的水蒸气，要不然，空调上就会形成水滴（这也是空气上升到高空遇冷形成云的原因）。因此，空调的附属作用是对空气进行除湿。在炎热而潮湿的国家，安装空调是唯一一种让乘客忍受乘坐汽车、大巴或火车旅行的办法。但是，它也会消耗很多能量，比如在新加坡，制冷大约占住宅和办公室能耗的50%。在美国，包括火车、飞机、轮船、卡车与轿车在内的整个运输部门，占全国能源消耗的25%左右，而通过空调为建筑物供暖或制冷，则占全国能源消耗的近40%。

如同你的冰箱后部会因为内部制冷而变热一样，汽车或建筑物的空调也会将热量释放到外界环境中去，从而提高空气温度。由此造成的整体效应并不显著，除非是在人口稠密的城市，在那里，空调导致的温度上升是可以被感知的。亚利桑那州立大学的科学家们已经证实，仅仅因为空调，城市地区的夜间平均温度增加了1℃以上。我承认，这听起来不算什么，但是请记住，全球平均气温即使只是上升2℃，也可能导致严重的气候变化。

因此，使空调更节能是一个全球性的挑战，而我可以很自豪地说，对此我做出了一点小小的贡献。为了提高冷却系统的效率，热量必须借助金属管道快速传导，所以我们会在空调管道中使用铜。铜可能很贵，但它是一种很好的热导体。但是，当天气十分炎热的时候，待在闷热的办公室里，室外的温度接近40℃，即使铜管也不足以让房间保持凉爽。不过，液态冷却剂流过管道的方式会改变这种情况。

如同管道中流出的水一样，均匀的流体是可以被预测的，但是水流的速度并不一致。通常来说，流体的外层，就是距离管道最近的部分，也被称为边界层，比内层的流速更慢。这两层之间没有发生太多的热交换作用，这就降低了热量被传送出去的速度。湍流会将冷却系统的效率大大提高。湍流是一种混乱的流动状态，液体在其中翻滚并产生旋涡，将所有的液体完全混合在一起。增加压力是制造湍流的一种方法（将水龙头开到最大，水就会湍急地从管道中喷涌而出），但是这也会消耗大量的能量。能破坏边界层是最好的，所以我们在铜管内部设计了螺旋槽，这样就可以通过不断混合来破坏层流。这已经成为制造湍流的首选方法，冷却剂得以更高效地提取热量，这就从根本上提高了空调的效率，却不会产生额外的能源消耗。这种设计方式很天才吧？

这不是我的发明。爱因斯坦也没想到，所以我心理平衡了。

这种制造湍流的方法是在20世纪诞生的，当时我还在学拼写单词，而爱因斯坦已经离世了。但是当我开始上学、上大学乃至攻读博士学位的时候，空调技术还是没有超过这个水平。能源效率正成为一个更为重要的问题，降低螺旋线、螺旋槽和铜管的制作成本很难，以至于当我获得喷气式发动机合金的博士学位时，牛津大学的布莱恩·德比（Brian Derby）教授请我帮他解决这个问题。我觉得这个问题和喷气式发动机的合金没有任何关系，所以我不清楚自己应该如何开展研究也完全可以理解。

有凹槽的铜管是通过一个类似挤牙膏的过程制造出来的。想象一下，管子里不再是牙膏，而是一颗子弹，直径比管口略微大一些，所以当你挤压的时候它不会喷出来。相反，子弹挤压着管口，将其撑开，铜管随之变形。但是，因为子弹表面有螺旋形的凹槽，当你挤压的时候，子弹就会旋转并在铜管内部刻出凹槽。这简直就是魔术！唯一的问题是，子弹必须由一种叫碳化钨的超硬材料制成的几个零件栓接在一起，而在巨大的铜挤压机内，压力也会高得出奇，以至于螺栓会因此而崩断，子弹随之脱落，于是整个机器陷入一片混乱，得花费几百万英镑才能修好。

神奇的是，我们找到了一种能解决这个问题的液体。我们确定，如果把材料内部转化为液态，而其他部分保持固态，就可以将碳化钨子弹的两半部分键合在一起。这就像是一次非常精确的焊接。和很多发明一样，一旦你掌握了窍门，就会很容易实现。我们只是把这两部分压缩在一起，然后将它们放进一台高温炉里。于是，液体可以在材料的内部形成并流动到两部分的结合处，然后将它们黏结在一起。一旦它完全冷却下来，你就得到了一块无缝的碳化钨。但这并不意味着子弹也会在实际应用中无缝衔接。因此，我去美国圣路易斯一家大型铜管工厂观看我的碳化钨子弹第一次进行实测时，感到十分紧张。我知道，如果它真的破裂了，公司将为此付出数万美元的代价。不过，我可以很自豪地说，液相键合成功了，为此我们申请了一项欧洲专利，即液相键合法（专利号为WO1999015294 A1）。

被氟氯烃破坏的臭氧层

找到更有效的冷却方法当然很好，但是还有更大的问题迫在眉睫。很多已有的工作都是使冷却系统更好地工作，但是没人考虑过冰箱和空调报废以后会发生什么。它们只会被送去垃圾场，人们回收有价值的金属，比如冰箱骨架里的钢材，当然还有铜管。没有人会收集氟氯烃，一旦铜管被切断，它们就会迅速蒸发。随着这种液体挥发到稀薄的空气中，它们完成了最后一次冷却。没有人对此表示担忧。氟氯烃早已被用于发胶喷瓶或其他一次性物品的推进剂，它们被认为是惰性的，所以，究竟会有什么危害呢？人们只是猜测，一旦它们变成气体，就会被风吹散，这也的确是事实。但是经过几十年后，它们终于进入了平流层，而在那里，它们开始被来自太阳的紫外光分解，成为可以对我们造成巨大伤害的分子。

太阳会发出我们能看到的光，也会发出我们看不见的光，紫外线就属于后者。正是这种光，给了我们古铜色的皮肤，因为它蕴含着太多能量，能够灼伤我们，实际上也的确如此。在紫外线下长时间暴露，你的DNA会被破坏，最终引发癌症。所以，防晒霜是必不可少的，这种液体的作用是在紫外线照射到你的皮肤之前就将其吸收。但是在你和紫外线之间，还有另一层更有效的屏障——臭氧层，它就像地球的防晒霜。当臭氧发挥作用的时候，你并不能真正地看到它，这一点也很像防晒霜。事实上，我们的飞机正在穿越臭氧层，但是从窗户向外看，你可能一无所知。

臭氧和氧气有关。我们呼吸的氧气是由两个氧原子结合在一起的分子（O_2），但臭氧是由3个氧原子结合在一起的分子（O_3）。它不太稳定，由于高度的反应性，它通常也不会维持太长时间。臭氧还有一种臭味，在电火花的形成过程中，你有时候可以探测到这种气体，因为空气中的一些氧气会因为电火花的高能量而被转化为臭氧，这一反应会产生一股刺鼻的奇怪味道。不过，尽管我们在陆地上呼吸的空气中并没有太多的臭氧，但在平流层上方有足够的臭氧形成一个保护层，吸收来自太阳的紫外线。然而，随着氟氯烃分子进入臭氧层，它们会与太阳光中的高能光线相互作用并分解，从而产生一种叫作自由基的高活性分子，它们紧接着会与臭氧发生反应，降低其浓度，从而使臭氧层出现损耗。

到了20世纪80年代，大气科学家开始意识到氟氯烃对臭氧层的影响十分显著，并产生了严重的后果。1985年，英国南极调查局的科学家发布报告称，南极洲上空有一个臭氧层空洞，跨度达到2000万平方千米；不久之后又进一步确定，全球范围内臭氧层的厚度正在下降。总的来说，氟氯烃是造成这一现象的罪魁祸首，因此，作为一项国际禁令，《蒙特利尔议定书》实施并于1989年生效。氟氯烃被禁止用于冰箱，也不能再作为水的替代物干洗衣物。尽管全球各国对此反应迅速，但依然还有一些氟氯烃被人们使用，于是臭氧层又出现了其他空洞。2006年，人们在中国西藏地区上空发现了一个面积为250万平方千米的大洞。2011年，北极上空臭氧的损耗也创下历史纪录。这表明，很可能要等到21世纪末，我们才能从这些破坏中缓过劲儿来。

不过，回溯氟氯烃的鼎盛时期，化学家们也花了很多时间来研究碳氟化合物的性质。他们发现了一系列被称为全氟化合物的神奇分子，也叫PFCs。与氟氯烃不同，全氟化合物不含任何氯原子，是完全由碳原子和氟原子构成的液体。最简单的全氟化合物类似碳氢化合物，其中所有的氢原子都被氟原子取代了。

氟的化学键超强无比，它们十分稳定，因此全氟化合物极具惰性。你可以把你喜欢的任何东西扔到里面，哪怕是手机，它们都会安然无恙。你还可以把你的笔记本电脑放到一桶全氟化合物里面，人们真的会这么做，因为液体的冷却效率比内部风扇更高，计算机能以更高的速度运行。但更神奇的地方在于，全氟化合物能够吸收高浓度的氧气，浓度高达其体积的20%，这意味着它们可以充当人造血液。

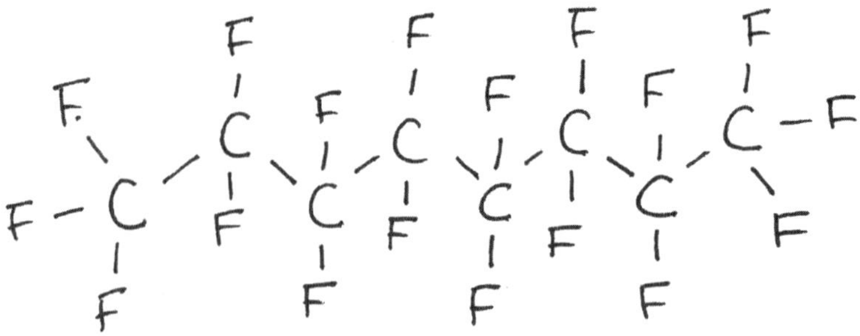

●一种全氟化合物分子的结构

神奇的“液下呼吸”

寻找血液替代物的历史非常悠久。失血是导致死亡的主要原因，唯一能让更多血液流入人体的方法就是输血。但是要想成功输血，并不是任何血液都可以使用。人类的血型并不完全相同，只有血型相配，才能成功地将血液从一个人的体内转移到另一个人身上。一位名叫卡尔·兰德施泰纳（Karl Landsteiner）的科学家在20世纪初发现了血型，并将其分为A、B、O和AB四种类型。1930年，他因此获得了诺贝尔奖。10年后，第二次世界大战的巨大伤亡人数促成了世界上第一个血库的建立。

但是，由于捐献血液与病患的血液匹配问题带来了巨大挑战，科学家们一直致力于寻找一种可靠的合成血液以消除血型匹配的必要性，并减轻血库的供应压力。1854年，有些医生曾用牛奶获得了一定程度上的成功，但是从未在整个医疗机构普及。有些人还试着使用从动物体内提取的血浆，随后发现这么做是有害的。1883年，一种被称为林格液的物质被开发出来，这是一种由钠、钾及钙盐组成的溶液，至今仍被使用，但只是作为血液体积的膨胀剂，并不是真正的血液替代品。

然而，直到全氟化合物出现，人们才真正开始相信，有可能创造出可靠的人造血液。1966年，美国两位医学科学家小利兰·C.克拉克（Leland C. Clark）和弗兰克·高兰（Frank Gollan）开始研究大鼠吸入液态全氟化合物后的反应。他们发现，即使完全浸没在液态的全氟化合物中，老鼠也能呼吸，被移出溶液之后还能继续呼吸，从而很高效地由鱼类从全氟化合物液体中获取氧气的状态，过渡到哺乳动物从空气中获取氧气的状态。这种所谓的“液下呼吸”好像可行，不仅因为老鼠的肺部可以获取溶解在全氟化合物中的氧气，也因为这种液体能吸收老鼠呼出的所有二氧化碳。进一步的研究表明，老鼠可以“液下呼吸”几个小时，而研究还在继续，最终的目的是弄清楚人类如何进行“液下呼吸”。20世纪90年代，科学家们进行了第一次人体实验，肺部有疾病的患者应邀进行液下呼吸，在肺部用药中填充了全氟化合物。这种疗法似乎有效果，但是就目前来说，还是会产生副作用。

没有人十分确定这种奇怪的技术可能会带来什么后果，但是如果全氟化合物以某种方式变得流行起来，我们就需要找出它们潜在的环境影响。全世界都在设法保护臭氧层，禁止使用含有氟氯烃的液体，并用对环境危害更小的液体去替代它们。如今，冰箱里的制冷剂很可能用的是丁烷，这是一种高度易燃的液体，如果它从你冰箱的背面泄漏，可能会很危险。但是，它仍然比爱因斯坦时代所用的液体更安全，对地球来说也是一种更好的选择。这层由臭氧构成的防晒保护层太珍贵了，可不能再被氟氯烃破坏了。

对冰箱而言，使用丁烷的风险或许不值一提，但是对飞机工程师来说，这种风险还是太大了。如今，液态制冷剂并没有用于飞机空调系统。相反，空气实际上是从飞机外部被吸入的，通过一系列压缩与膨胀循环来冷却飞机内部，毕竟飞机外部的气温很低。但这样做的缺点是，当飞机位于停机坪上时，空调就不能很好地工作，因为地面上的空气更为温暖。所以，当你被困在停机坪上等待起飞的时候，除了在延误航班里“享受”，你还可能会汗流浃背。

不过，飞机的空调系统不只调节温度和湿度，还可以平衡机舱内的气压。在约12 000米的高空，舱外的空气没有足够的氧气可供人们轻松呼吸，或者说压根儿没有。所以，舱内的气压比舱外高出很多，这就使得机身的蒙皮基本上和气球处于相同的应力状态，导致飞机出现膨胀，而膨胀会产生裂纹。为了将裂纹形成的概率降到最低，空调系统便做出妥协：压力被设置得足够高，可以让人们正常呼吸，但是又不能太高，免得飞机的蒙皮承受过大的压力。当飞机降落的时候，空调系统会用泵将更多的空气充入舱内，以平衡地面上的压力水平，所以你的耳内会感到“嗡嗡”作响。

飞机并没有携带液氧用于应急。如果座舱内出现失压现象，乘客上方的行李架会掉落氧气面罩，为你提供由化学氧发生器制造出来的氧气。它们通过化学反应产生氧气，因此非常紧凑、轻便，这是飞机上可携带物品的基本特征。我从来没有在飞机上遇到氧气面罩启用的状况，而我对隐藏这些系统的设计方式十分感兴趣。当我正在研究头顶上的行李架想弄清楚它的工作原理时，乘务员恰好有些着急地向我侧过身来。他递给我一张卡片。一开始我还很困惑，但紧接着就意识到，我们一定是接近旧金山了，是时候填写我的海关申报表了。为此，我需要另外一种液体——墨水。

第十章 永不褪色的墨水、油墨

我放下小桌板，把入境卡铺在上面。我需要一支笔，可我有吗？不记得了。我检查了一下外套的口袋，空空如也。我的随身行李放在脚下，但我被小桌板卡住了，没法深深地弯腰去寻找。不管怎么样，我还是把脸贴在小桌板上，只为了能摸到脚下的包。这实在令人很尴尬，我知道我应该把桌子收起来，但是由于一些不可说的原因，我没有这么做。我设法将两只手全放进手提包里，摸索着包里那个我看不见的世界。通过触感，我识别出了手机、笔记本电脑的适配器，还有一些袜子。因为我的脸转向了苏珊，于是我朝她做了个鬼脸。她打量着我，目光中似乎带着一些怒火，仿佛我是个寻求关注的小孩子。然后我就“中奖”了，在行李包的底部，我碰到了一个圆柱形的东西，好像是一支笔。于是，我就像采珍珠的海女向海面潜浮一样抬起头，从包底深深的凹槽中拽出这个东西。它的确是一支笔，尽管我不记得自己曾把它放进包里，也不记得当初怎么会拥有或购买这支笔。它一直留在那里，而我在生命中的这些日子里从未发现它。包里有些零钱和巧克力包装纸，随着时间的推移而越积越多，我总是想不起它们，而笔就躺在它们中间被遗忘了。这是一支圆珠笔。

圆珠笔是纯粹意义上的笔，它既没有自来水笔的社会地位，也没有纤维笔的精细复杂，但它适用于大多数纸张，并能够完成你需要它做的工作。它很少会泄漏并弄脏你的衣服，它可以在无人看管的情况下躺在你的包底几个月，并在你再一次需要它的时候仍然可以拿起来用。它可以满足所有这些要求，成本却很低，以至于它经常会被不假思索地送人。事实上，大多数人都将圆珠笔视为共同财产。如果你给某人递上一支圆珠笔签字，而他却忘了将笔还给你，你可能并不会给他贴上窃贼的标签。甚至你可能都记不清自己是从哪儿得到的那支笔，说不定也是从别人那里拿走的。但是，如果你认为圆珠笔之所以如此成功，是因为它们简单，那可就错了。真相远不止于此。

容易被蹭脏的碳素墨水

显然对笔而言，你最需要的是墨水。墨水是一种液体，它被设计是为了完成两件事：先是流到纸上，然后变为固体。流动并不是很困难，这是液体的特点，它们一般也会变为固体。但是，只有按照正确的顺序、可靠的方式以及非常快的节奏来完成这两项工作，纸张才不会被弄脏，字迹也不会变得难以阅读，这比看起来要复杂得多。

历史学家认为，古埃及人是最早使用笔的人类，大约在公元前3000年。他们用的是芦苇笔，通常由竹子或其他长着空心硬质枝条的芦苇植物制成。将枝芽干燥，并用工具削切使其尾部成型，形成一支精细的笔尖，一个很好的墨水载体就做好了。不过，枝芽的尺寸必须合适，这样才能让笔正常使用。如果空心管的直径足够小，墨水与芦苇之间的表面张力会抵消重力的作用，只将少量的墨水送到笔头。一旦芦苇接触到埃及人用作纸张的纸莎草，墨水就会通过毛细作用被吸到纸莎草上，这与蜡烛和油灯中的芯吸作用类似。当干燥的纤维吸收墨水中的水分时，颜料就会附着在表面，一旦水分完全挥发，墨水的痕迹便永远地附着在纸莎草上。

埃及人把油灯的烟气收集起来，再与相思树的树胶结合在一起制成黑色墨水，树胶起到了黏合剂的作用。就像将复合板粘接在一起的树脂那样，埃及人把相思树的树胶当作胶水，将油烟中的炭黑粘在纸莎草的纤维上。因为碳是疏水的，所以不会与水混合，但相思树的树胶可以让碳与水结合，形成爽滑而又可以自由流动的黑色墨水。这种树胶被称为阿拉伯树胶，至今仍在使用，你可以在大多数艺术品店买到。树胶中的蛋白质可以让它与许多不同的颜料结合，因此它可以用于制作各种颜料，如水彩颜料、染料以及墨水等。不过，埃及人用的是碳，这是一个非常好的选择。碳素墨水很容易被制造出来，而且非常不活跃，所以我们能看到数千年前的埃及文稿，它借助炭黑的化学持久性保存下来。

你也许会想，这就万事大吉了。然而，碳素墨水并不完美，它不适合填写海关申报单，因为它是水基的，不容易干燥，所以很容易被蹭花。当它变干时，黑漆漆的颜料并不会被树胶牢牢地吸附在书写的纸面上，你可以机械地将它擦除。也许你并不在乎，但是其他人在乎，所以这就开始了长达数百年的试验，为的就是能让它变得更好。

●纸莎草文献《阿蒙神庙金匠索别克莫斯亡灵书》局部（约公元前1500至公元前1480年间）

非常持久的铁胆墨水

最终，他们发现了铁胆墨水，这是基督徒用来写《圣经》的墨水，也是莎士比亚用来创作戏剧的墨水，还是所有立法者用来撰写议会法案的墨水。铁胆墨水性能优异，一直被广泛使用，直到20世纪。

将一根铁钉和一些醋一起放到瓶子里，你就能制作出铁胆墨水。醋会腐蚀铁，并由此留下一种红色或棕色的溶液，里面充满了带有电荷的铁原子。这就是“铁胆”的来源。其实，铁胆指的是栎五倍子，也被称为橡树瘤，是一种生长在橡树上的物质。它们是由黄蜂在橡树芽中产卵而形成的，随着芽的发育，黄蜂便会控制橡树芽的分子机制，为其幼虫制造食物。这当然对树木不好，但对文学有好处，因为它们形成了橡树瘤，其中的高浓度单宁引发了墨水的革命性创新。

单宁广泛存在于植物界，它们是植物化学防御系统的一部分，但也不知道为何，我们居然对它们产生了味觉嗜好，你可能还记得，茶和红葡萄酒中的单宁为它们增添了涩味。单宁是一种有色分子，很容易与蛋白质进行化学反应，因此它能与含有蛋白质的物质结合并产生颜色。传统上，它被用来为皮革染色，因为皮革含有较高比例的胶原蛋白，所以在英语中，单宁一词也有“晒黑”的意思。红酒和茶水会在你的衣服及牙齿上留下明显的斑渍，也是因为它的染色效果。因此，它被应用在油墨中或许并不是很让人惊讶，油墨本质上就是一种特意形成的斑渍。不过，要想创造出一种单宁浓度很高的液体并不容易，所以才需要铁和醋的溶液。它与栎五倍子中的单宁酸发生反应，产生一种被称为鞣酸铁的物质，它具有高水溶性，而且很容易流动。当鞣酸铁与纸纤维接触时，会通过毛细作用进入纸上的所有缝隙并均匀分布。随着水分的蒸发，鞣酸铁会沉积在纸上，留下一个持久的蓝黑色标记。与碳素墨水相比，它的持久性是最大的优势，因为颜料不是粘在纸的表面，而是渗入了内部，所以不能通过摩擦或清洗的方式去除。

难以控制的墨水

当然，对那些用铁胆墨水书写的人来说，不可消除性也是它的缺点之一。我现在用来填写海关申报单的圆珠笔不需要我把笔尖蘸到墨水瓶中，所以笔的外侧没有任何墨迹。我的指尖依然和此前用洗手液洗完时一样干净。在书写史上的大部分时间里，情况显然不是这样的。墨水会流得到处都是，尤其是书写者的手上，而且铁胆墨水的持久性很强，并不会轻易地脱落，当然也不能被肥皂清洗掉。人们对此颇有怨言，但具有讽刺意味的是，有一些抱怨恰是用铁胆墨水写下来的。在10世纪，马格里布（现在的非洲西北部地区，包括阿尔及利亚、利比亚、摩洛哥和突尼斯等国）的哈里发受够了铁胆墨水，他要求工程师提出解决方案。在限期内（公元974年），他拿到了有史以来第一支钢笔。这支笔将墨水藏在内部，而且很明显不会泄漏，即使是将其倒置。不过我不得不说，这似乎不大可能，不是说当时的工程师不够聪明，而是因为钢笔在接下来的1000年里又被重新发明了很多次，直到19世纪晚期，经过了无数次的反复试验后，靠谱的钢笔装置才被发明出来。列奥纳多·达·芬奇在16世纪时也有过尝试，有证据表明，他制作出了一种笔，能连续写出墨色均匀的笔迹，而当时常用的鹅毛笔则会越写越淡。17世纪的时候，塞缪尔·佩皮斯（Samuel Pepys）在日记中提到了钢笔，他写道，他可以随身携带一支钢笔却不需要带上墨水瓶。但是那些钢笔并不完美，他还是喜欢用羽毛笔，当然，还有铁胆墨水。

19世纪，钢笔的专利激增。不过，尽管它们带有能自由流动的墨水，但没有人找到控制墨水流动的方法，所以墨水还是有可能一下子全部喷出笔头，并在纸上留下巨大的墨团。人们不能单纯地将墨囊的开口做得很小，因为小孔会彻底阻挡墨水流出，如果是一个中等大小的孔，墨水就会偶尔流到纸上。钢笔的发明家们逐渐明白，导致这种现象的是空气，以及在墨囊内形成的真空。

当你试图从容器中倒出液体时，你必须用别的东西替代液体的位置，否则容器内会形成真空，阻止更多的液体从中流出。当你从瓶中喝水的时候，用嘴堵住整个瓶口，就会注意到这一点。当空气奋力地进入瓶中替代你所喝的液体时，液体就会喷涌而出。每一次喷涌，对应的都是空气强制进入瓶子的过程，由此可以阻止液体流出。于是，这只能交替发生——液体流出，空气进去，液体流出，空气进去，咕咚、咕咚、咕咚……如果你在喝水的时候把瓶口留出一半，就可以连续地喝水了，不会再出现喷涌的现象，因为空气可以更平稳地进入瓶内。这也是用咖啡杯或玻璃杯这类广口容器喝饮料更容易的原因。

但是，早期的钢笔并不能将空气注入墨囊中，所以很难让墨水连续地流到纸上。在墨囊顶部钻个洞，似乎是个显而易见的解决办法，但是如果你把笔倒过来，它就会到处漏墨。这个难题让每个人都一筹莫展。直到1884年，美国一位名叫路易斯·沃特曼（Lewis Waterman）的发明家改进了一种金属笔尖的设计，可以通过重力和毛细作用使墨水沿着凹槽流动，而空气则以相反的方向进入墨囊。他的这项设计让钢笔进入了黄金时代，钢笔就是那个时代的手机，改变了人们的交流方式，是每个人梦寐以求的东西。拥有一支钢笔说明你是个举足轻重的人物，因为你需要随时随地写字。就像早期的手机，或是第一代笔记本电脑，以及之后出现的任何一种电子产品一样，它非常酷。

但是，还有另一个问题不可避免。铁胆墨水通常是高酸性的，所以会腐蚀全新的金属笔尖，里面通常也会含有细小的颗粒物，当你在纸上写字时，这些颗粒物便会在墨水中显现出来，或是堵塞笔尖使墨水流不出来。人们会因此而生气，愤怒地摇着笔，试图把那些明明看不见却会弄脏笔迹的东西甩出来，但是在这个过程中，他们可能会把墨水洒在咖啡馆，或是身边无辜路人的衣服上。钢笔的技术可能已经完善了，但墨水还没有。是时候换掉铁胆墨水了。

然而，这是一个复杂的问题。墨水特殊的化学性质以及它的各种特征、可以在笔杆中流动却不会腐蚀笔杆的能力、它与纸发生的反应、可以画出永久标记却快速干燥的能力，都必须全部考虑周到，用工程术语来说，这是一个“多重优化”的问题。最终，很多解决方案出炉了，每个钢笔制造商都在他们的设计中加入了一个不同的解决方案，所以，如果你买了一支钢笔，商家会坚持让你使用他们特别配制的墨水。例如，派克钢笔公司在1928年推出了“昆克”（Quink）墨水，解决了墨水渍的问题。他们将合成染料与酒精结合起来，制造出一种在笔杆中流动性很好的墨水，但在接触到纸张后很快就干了。不幸的是，它也会对最开始用来制造钢笔的塑料造成化学腐蚀，赛璐珞便是如此。它也不防水，所以如果纸张变湿了，墨水就会重新开始流动，通常会分离出构成墨水的各种染料，比如，黑色墨水会分离成黄色和蓝色，最终导致笔迹难以辨认。

非牛顿流体是什么？

不过，尽管存在这些问题，大多数钢笔制造商还是坚信，钢笔就是未来的发展方向，对墨水进行优化会让书写工具变得好用、便携。但是，匈牙利发明家拉斯罗·比罗（László Bíró）有个完全不同的想法，他把优化的重点放到了笔头上。在成为发明家之前，他曾是一位记者，并注意到报纸印刷厂使用的墨水非常好，干燥起来出奇地快，很少弄脏纸张或形成墨点。但这种墨水太黏了，不适合用于钢笔，它们不流动，会把钢笔粘住。所以他想到，与其更换墨水，不如重新设计钢笔。

拉斯罗·比罗发表在报纸上的文章，被一组由滚筒制成的印刷机印刷出来，滚筒将墨水压在一张连续的纸上。为了让数百万份报纸连夜送到全国读者的手中，它们必须被快速地印刷出来。这些纸张以每小时数千页的速度在印刷机上印刷，因此油墨必须立即变干，否则页面会在被叠成报纸的时候变脏。为了达到这一要求，拉斯罗非常欣赏的印刷油墨被发明出来了。当拉斯罗在思考如何制作一支更好的钢笔时，他想到了在这么小的笔尖上重新模拟印刷的过程。他需要一种可以连续给笔尖上墨的滚筒，最终，他灵机一动，想到可以用一颗小圆珠。但是，为了将墨水辊印在纸上，如何把墨水粘到小圆珠上呢？他认为印刷机的油墨可能太黏稠了，重力无法将它从墨囊中拽到小圆珠上。不过，一个神奇的物理现象成了他的救星——非牛顿流体。

液体流动的速度和施加在液体上的剪切力之间存在某种关系，我们称之为黏度。所以，像蜂蜜这种很稠的液体具有高黏度，并且流动缓慢，而像水这样的稀液体则具有低黏度，并且能在相同的作用力下迅速流动。对大多数液体来说，如果你对它增加了作用力，其黏度会保持不变，这叫作牛顿流体。

但是，有些液体很奇怪，它们没有表现出牛顿流体的特征。比如，如果你把玉米粉和一些冷水混合，经过轻轻搅拌后，这种混合物就会变成一种流动性很好的液体，但是如果你试图快速搅拌这种液体，它就会变得非常黏稠，以至于像是一种固体。你可以朝它的表面锤击，它不会飞溅出去，而是像固体一样抵御你的拳头。这就是我们所说的非牛顿流体，液体没有一个限定其流动性的黏度。

这种玉米粉液体有时也被称为“欧不裂”（这个名字出自苏斯博士的《巴塞洛缪与欧不裂》一书）。欧不裂的非牛顿流体表现完全是由它的内部结构造成的。在微观层面，欧不裂充满了微小的淀粉颗粒，玉米粉稠密地悬浮在其中。低速运动时，淀粉颗粒有足够的时间找到彼此间流动的路径，有点像乘客离开拥挤的火车，这是它们正常流动时的状况。但是，当它们被施加压力并快速流动时，也就是你试图快速搅拌欧不裂或是锤击它的表面时，淀粉颗粒没有足够的时间发生彼此间的相对位移，因此它们便停在了各自的位置上。试想一下，如果火车前部的乘客站着不动，那么后部的乘客也不能移动。同样，一部分淀粉颗粒的阻隔也会让其他淀粉颗粒动弹不得，所以液体会被固定住，并变得越来越黏稠。

欧不裂不是唯一的非牛顿流体。如果你曾经用乳胶漆粉刷过墙壁，你可能会注意到，当油漆在桶里的时候，它是非常黏稠的，就像果冻一样。但是如果你按照油漆桶外的说明将其彻底混合，你便会发现，油漆会在搅拌时变成液体，等你停下来的时候，它又会变得像果冻一般。这也是非牛顿流体的表现，但是在这个过程中，施加外力的结果不是让液体变得更黏稠，而是更容易流动。同样是因为液体的内部结构。乳胶漆就是一种悬浮了很多微小油滴的水。当这些微小油滴保持不动时，它们会互相吸引，形成微弱的键，将水锁在其中并构成一个脆弱的结构，就像果冻一样。当你搅动乳胶漆时，将油滴固定在一起的分子键就会断裂，并释放出水分使其可以流动。当你用油漆刷用力地将这种漆涂在墙上时，也会出现同样的情况。但是，一旦乳胶漆刷到了墙上，它就不再受到压力作用，油滴之间的结合键又会重新生成，乳胶漆也会再次变得黏稠，形成一层不会脱落的厚涂层。不过，这只是在理论层面。很明显，这一切都取决于乳胶漆的配方师如何更好地控制油滴之间的结合力，以及油滴的大小与数量。要想使平衡恰到好处，就需要做很多工作，所以花很多钱去买一桶好漆是非常值得的。

即使你不是油漆工或装修工，也会在厨房里碰到非牛顿流体。与乳胶漆一样，番茄酱也会在压力之下变稀。它不会流动，除非你拍打瓶子，置番茄酱于足够的剪切力下，它会突然变稀，并从瓶子里喷溅出来。所以你很难控制番茄酱从瓶中流出的速度，如果力道不够，它的流动速度会非常缓慢，可一旦你用力过猛，它的黏度就会突然下降，溅到你的盘子上。

沙子和水混合在一起形成了流沙，一种很危险的非牛顿流体现象便会发生。流沙在加压之前是半固体状态，但在加压后会变稀并形成流体，也就是液化。所以，当你踏入流沙时，你越挣扎扭动试图逃生，液体越稀薄，而你也就陷得越深。但是不管你在电影中看到什么，你都不太可能会因陷入流沙而死，因为流沙是一种比你的身体密度更大的液体，一旦流沙淹没到你的腰部，你便会重新漂浮起来。不过，要想逃出去还是相当困难的，如果你不动，周围的液体就会变稠、变硬，如果你不停挣扎，它就会变稀，让你很难站稳脚跟。换句话说，你会被困在那里直到获救，而这才是它致命的原因。

比流沙更危险的是地震时出现的液化，这又是一个非牛顿流体致命的例子。在这个过程中，地震震动产生的应力使土壤液化，通常会造成巨大的破坏。2011年发生在新西兰的地震，袭击了克赖斯特彻奇市，引发了严重的土壤液化，摧毁了很多建筑物，并向城市中喷出了数千吨沙子和淤泥。

圆珠笔诞生了

事实证明，非牛顿流体稀释的现象，正是拉斯罗·比罗需要的特征，这可以让黏稠的报纸油墨在钢笔中发挥作用。他设想的是，在你书写的时候，油墨可以很轻易地流动，但一旦它流到了纸上，油墨就会变得又稠又黏，还能很快变成固体，这样纸张就不会被弄脏了。拉斯罗开始和他身为化学家的哥哥一同研发完美的笔。在经历了许多艰难困苦后——包括因第二次世界大战爆发而不得不移居阿根廷，他们最终取得了一定进展。他们发明的笔带有一个墨囊，镶嵌了一颗细小却可以旋转的小圆珠。当你用笔写字时，它便会旋转，油墨在足够的压力下会改变黏度，然后流到小圆珠上。这时，油墨又变回黏稠的胶状模样，直到它接触到纸面才会再次流出。当你提起笔的时候，油墨的压力会减轻，于是它又变稠了，而油墨中的溶剂第一次暴露在空气中，很快便会蒸发，并将油墨中的染料留在纸上，形成一个永久的标记。这真是个天才创意！

正如你所料，多年来，这种高性能油墨的成分已经成为商业机密，但是如果你想感受它们究竟有多好，只需用圆珠笔在纸上写点什么，然后试试能不能用手指将笔迹弄花。这真的很难。然而，比起钢笔中的流动性墨水，这并不是比罗圆珠笔中非牛顿流体油墨所具备的唯一优势。因为油墨不会在毛细作用下流动，所以当它沁入纸张时，油墨不会像其他墨水那样渗出。经过化学配方调制，当油墨与纸张的纤维素纤维以及可以使纸张更有光泽的陶瓷粉和增塑剂（即施胶）接触时，其表面张力很低。钢笔的墨水或其他流动的墨水在施胶时的表面张力都比较高，因此墨水会滞留在表面，并分裂成一个个小液滴。如果你曾试着用钢笔在光滑的杂志上做笔记，或是用钢笔在信用卡背面签名，就会注意到墨迹并不会留下来。但是，圆珠笔的油墨似乎可以在任何地方干燥，并准确地留在你书写的地方，哪怕你是倒着朝上写的。因为油墨不是因重力作用而流动，而是被卷到了纸上。

如果你真的想倒着写，就会发现圆珠笔的另一个优点。就像钢笔一样，如果墨囊中形成真空，它就无法起作用。但是圆珠笔有个简单的方法来防止这种情况发生——墨囊的顶部是开放的。油墨十分黏稠，没有受到太大压力时并不会流动，所以它不会流出来。这很干净，对吧？这就意味着，我们这样健忘的人会很高兴，你可以在包底放一支圆珠笔，哪怕过去好几个月它也不会漏墨，不会让油墨糊住你的东西。即使你忘了将笔帽套回去，圆珠笔就这么毫无保护地被放在你的口袋里，油墨也不会流出来。

这个创意非常棒，而圆珠笔在书写时又是那么可靠，即使它的笔帽已经丢失了几个月。早期的供应商也由此意识到，其实他们根本不需要在圆珠笔上加笔帽。为什么不在不用的时候将墨囊和圆珠全都收回笔中呢？这很容易实现，于是可伸缩圆珠笔诞生了。按压一下，你就可以写字了；再按一下，笔尖便收回了。这多好啊，要是马格里布的哈里发听到可伸缩圆珠笔这令人愉悦的声音，一定会为它纯粹、简单的性能而感到高兴。

比罗兄弟移民阿根廷后，生产出了第一支商品化的圆珠笔。他们向包括皇家空军在内的各路客户销售了数吨圆珠笔，供他们使用。圆珠笔取代了此前一直被使用的钢笔，因为钢笔总是会在高海拔时漏墨。想到这里，我怀着崇敬的心情再一次望着手中握着的圆珠笔。飞行员和机组人员是第一批一睹其风采的人，而我很高兴能用上早期圆珠笔的衍生品，在高空填写海关申报表。目前市场上最大的圆珠笔生产商法国比克（Bic）公司称，自从第一支圆珠笔被发明以来，他们已经生产出了1000多亿支笔。

拉斯罗·比罗于1985年去世，他的遗产却永存于世。在阿根廷，每年在他的诞辰日9月29日这一天，人们都会庆祝“发明家节”。而今天的英国人会称圆珠笔为“比罗笔”。

当然，尽管取得了巨大成功，很多人还是很讨厌圆珠笔。他们谴责圆珠笔这项发明玷污了书法艺术。事实上，使用一支便携、防污、防漏、耐用、价格低廉，还具有社会包容性的笔，所要付出的代价就是，接受它画出的线条粗细不变。线条的粗细是由笔尖的滚珠尺寸决定的，由于圆珠笔的油墨一旦沉积在纸上便不会再流动，因此线条的粗细也就不会随着你的书写速度而变化，这与钢笔或其他使用牛顿流体墨水的笔并不一样。圆珠笔书写更为实用，但是减弱了个人书写风格的表现力。但是我认为，圆珠笔对社会的贡献可以与自行车媲美。它是一项液体工程，解决了一个由来已久的难题，并生产出一种非常可靠、价格低廉的产品，以至于很多人都将圆珠笔视为公共财产。

当我填完海关申报表的时候，我对手中的圆珠笔产生了敬畏之心，甚至无法再将它放回包里，然后好几个月对它不闻不问。正当我琢磨如何处理它的时候，却意识到苏珊正看着我，她仿佛变了一个人，正在对我微笑。她把她的海关申报表放在面前，朝我打手势，把拇指和食指捏在一起，模仿着书写的动作。她是在问我能不能将圆珠笔借给她。

第十一章　呼云唤雨的积雨云、雾

“当当当，”飞机广播这时响了起来，然后继续通知道，“女士们、先生们，我们正准备降落到旧金山地区，请确保您的座椅靠背和小桌板都处于完全直立状态，请系好您的安全带，所有的手提行李都放置在您前面的座位下方或头顶的行李架上。感谢您的配合！”

飞机此刻正在不断下降，而我的耳朵开始“嗡嗡”作响。我有一种期待感——我的生活将会在飞机落地后重新开始。这次旅行为我的人生按下了暂停键，让我有了一种无所不能的体验。在这样的高空，云层不会给我浇上一头不期而遇的雨，也不会像我伦敦的家那样，蛮不讲理地将阳光挡住，破坏我的好心情。在这里，光线从窗外射进来，太阳用光芒温暖着我的脸颊，它从未落下。直到飞机突然降到云层之中，然后不仅是太阳消失了，突然降临的白色薄雾笼罩了一切，将我所有的全能感和安全感击碎。可见度为零！

我们降落时钻入的云层和普通的云一样，都由几乎是纯水的小液滴构成。这里的“几乎”很有意思，它解释了雨水不纯净的原因，以及为什么窗户会被雨水弄脏，为什么有些地方会形成雾而另一些地方不会。云中的水既不纯净也不纯真，它可以杀人。每个黑夜和白天，在地球的某个角落，闪电风暴都会以相当恒定的频率，在全世界范围内平均每秒钟释放50次闪电。据估计，每年有1000多人死于闪电，而受伤人数更是高达数万。美国国家气象局一直在对死亡人数和遇难者详情进行统计。下表显示了2016年的部分记录。你会发现，在树下躲雨可不是什么好主意，而且闪电几乎可以袭击任何地方。但是，闪电会击到飞机上的你吗？这是个很值得回答的问题。

日期	州	城市	年龄	性别	事故发生地	活动
周五	路易斯安那	拉鲁斯	28	女	帐篷	参加音乐节
周五	佛罗里达	霍布桑德	41	男	草地	家庭野营
周五	佛罗里达	博因顿海滩	23	男	树边	在院子里劳作
周三	密西西比	曼塔奇	37	男	室外谷仓	骑马
周三	路易斯安那	斯莱德尔	36	男	建筑工地	工作
周一	佛罗里达	马纳提县	47	男	农场	装卸卡车
周五	佛罗里达	代托纳比奇	33	男	海滩	站在水中
周六	密苏里	费斯图斯	72	男	院子	遛狗
周一	密西西比	兰伯顿	24	男	院子	站着
周日	路易斯安那	派恩维尔	45	男	停车场	去开车
周四	田纳西	多佛	65	女	树下	野营
周四	路易斯安那	巴吞鲁日	70	男	树下	躲雨
周四	亚拉巴马	红石兵工厂	19	男	室外建筑	室外维护
周四	弗吉尼亚	贝德福郡	23	男	路边	行走
周六	北卡罗来纳	扬西县	54	男	雨具下	骑摩托
周二	科罗拉多	阿瓦达	23	男	树下	打高尔夫球
周二	亚拉巴马	劳伦斯县	20	男	院中的树下	看雨
周三	亚利桑那	科科尼诺县	17	男	靠近山顶	徒步
周五	犹他	火焰峡谷	14	女	骑摩托艇	水库中

●美国因雷击而死的人员信息表，由美国国家气象局统计

水是怎么变成云的？

云来自晾衣绳上挂着的湿衣服、人行道边的水坑、你上唇的汗水，还来自浩瀚的海洋。每一秒钟，都会有一些水分子离开湿衣服、水坑、你的上唇、海洋以及其他水体，然后进入空气。水的沸点是100℃，这指的是纯水在海平面高度变成气体时的温度。那么，液态水怎么在尚未达到沸点的温度下变成气体呢？如果水可以在更低的温度下像作弊一样，让湿衣服和你的嘴唇变干，让小水坑蒸发，让水自动逃出海洋，那么确定沸点又有什么意义呢？

值得注意的是，固体、液体或气体的定义并不像它们看起来那么清晰。科学家们努力地将万事万物分类，并对不同的事物做出清晰界定，却总是被宇宙的复杂性破坏。为了理解水是如何在自然系统中“作弊”并形成云的，我们需要注意一个很重要的概念——熵。

晾衣绳上挂着衣服，吸附在上面的水的温度低于100℃，却与空气接触。空气中的分子会轰击你的湿衣服，并趁乱钻入其中。在这一片“狼藉”中，一颗水分子偶尔会被撞出来，成为空气的一部分。实现这一点需要一定的能量，因为必须把水分子附着于湿衣服的化学键打破。将能量从你的衣服上带走，会让湿衣服的温度降低，但这也意味着，如果空气中到处漂浮的水分子与你的衣服发生碰撞，它可以通过与衣服附着而获取能量，那样就会使衣服重新变湿。因此你可能会认为，更多的水会重新吸附到你的衣服上，而不是被气流带走。不过，这个时候熵就开始发挥作用了。因为在你湿衣服周围翻腾的空气很多，而水分子的数量很少，所以水分子重新回到湿衣服上的概率很低。相反，它更有可能会“嗖嗖”地飞入空气中。分子世界中这种混乱并扩散的倾向，便是由自然系统中的熵来决定的。熵不断增加，是一个宇宙中的自然规律，它与将水重新沾到湿衣服上的凝结力恰恰相反。温度越低，衣服在风中暴露的面积越小，凝结力占了上风，而你的衣服也将保持湿润。相比之下，在暖和的日子里，将你的衣服挂起来，平衡点就会向熵的一端移动，而你的衣服很快就会干了。

熵还能处理街道上的水坑，在你淋浴后帮你烘干浴室地板上的水，在炎热的天气里将你身上的汗带走。总而言之，毕竟我们是那么喜欢干衣服，喜欢干燥的浴室地面和干爽的身体，熵看起来非常便利，通常也很有用。但是，这种仁慈的力量每年同样驱使着数以千计的云团“杀手”向我们投下闪电，提醒着我们，谁才是真正的空中霸主。

雷雨云的形成过程始于蒸发掉的水，这些水以气态的形式四处移动。热空气上升是因为它们比冷空气的密度小，所以在阳光明媚的日子里，水分子会从你的湿衣服上逃到空气中。尽管充满了水分子，空气依然是透明的，因此最初不会出现任何云的迹象。但是随着蒸汽上升，空气膨胀并降温，热力学的天平便会向水分子凝结的那一端倾斜，因而水再次成为液体的一部分。但是一个单独的分子不能直接在空气中变回液体，要想形成一粒小小的液滴，还需要有一些合作，因此几个水分子必须聚集在一起，才能形成一滴水。在混乱而激荡的大气中，这并不是很容易发生的，但在空气中已经存在的微小颗粒的推动下，这一过程被加速了。这些小颗粒通常是从植物上吹落的少量灰尘，或是从工厂烟囱里冒出的烟。水分子会与它们结合，并且随着越来越多的分子参与其中，这个小颗粒变成了微小水滴的中心。所以，你在收集雨水时，里面通常都会含有沉淀物，而你的汽车挡风玻璃或房间窗户上的雨水被吹干后，也会留下一些细细的粉末。

备受质疑的人工降雨

这一核心物理原理成就了20世纪最非凡的实验之一，科学家们运用它来控制天气。这种方法被称为播云，也就是人工降雨，由美国科学家文森特·舍费尔（Vincent Schaefer）于1946年发明。舍费尔和他的团队确定，如果你将碘化银晶体散到大气中，它们就会像灰尘或烟雾一样，成为云的成核液滴，也就是云的种子，而云又会趁势产生雪和雨。这项技术既是一门科学，也是一种艺术，但是在广泛使用了几十年后，许多人对它的有效性提出了质疑。

尽管如此，苏联每年都会在莫斯科上空播云，为了通过下雨来清除空气中的湿气，以确保他们的“五一”庆典有蓝天为伴。而在越南战争期间，美国军方将这一技术用于不同的目的——延长胡志明小道上空的季风时间，而这一计划被称为“大力水手行动”，其宗旨是“制造泥泞而不是战争”。如今，世界各地的国家，如中国、印度、澳大利亚和阿拉伯联合酋长国，都在试着用播云的方法来解决干旱问题。当然，通过在空气中“播种”，你只能控制云的形成过程，因此如果空气中的水分含量很低，播下再多的云也不会下雨。相反，如果空气中充满了水，那么使用这种技术可以增加滑雪场的降雪量，或是降低暴雨期间下冰雹的风险，从而减轻农作物遭受的损失，人工降雨在这些方面都是卓有成效的。1986年切尔诺贝利核灾难发生后，人们也用播云的方法去制造足够多的降雨，以清除大气中的放射性粒子。

飞机不需要使用碘化银来为云层播种。如果你在阳光明媚的日子里仰望天空，便会经常看到喷气式飞机尾部喷射出的飞行轨迹。这并不是保养不良的发动机冒出的青烟，而是由发动机尾气播撒的云。燃料在燃烧过程中产生的小颗粒会从飞机中排放出来，同时伴随着大量的高温气体，气体推动飞机前进，虽然你可能会认为它的温度太高并不会形成水，但是高海拔区域的气温很低，所以飞机的废气很快就被冷却了。于是，这些喷射出的颗粒成了形成液滴的成核点，然后凝结，先是变成水，再变成微小的冰晶。飞机尾迹其实就是高空中纤细的卷云，也叫航迹云。

根据空气条件不同，航迹云可能只持续几分钟，也可能持续几个小时，它们的数量（全球每天有10万次航班，都会产生航迹云）令很多人怀疑航迹云会对地球气候产生一定的影响。常识告诉你，云会使地球变冷，如果你在多云的日子里坐在海滩上，一定会体会到这一点。但是云层并不只是将阳光反射回太空，它们还会以红外线的形式吸收地面的热量，并将其反射回地球。这种效应在冬季尤为明显，天空晴朗时会比多云时温度更低。因为在夜晚，从地面散失的热量会被云层反射回来。不同类型（以颜色、厚度和大小区分）的云在不同的高度会产生不同的影响。这一切都可以说明，要想确定航迹云对地球产生的是净增温效应还是净降温效应，仍是一个悬而未决的问题。

回答这个问题，需要在没有航迹云存在的情况下研究地球的气候，并比较有无航迹云时的平均温度。但是，在平流层的某个地方，总是会有飞机在飞行。当飞机在美国降落过夜时，远东或澳大利亚的一些飞机又起飞了，而当那里的飞机停止飞行时，欧洲的飞机又升空了，如此反复。这是一个全天候的全球行动，在任何时刻，空中都有100多万人。在我新近的记忆中，唯一例外的时刻，就是纽约双子塔遭遇恐怖分子袭击之后。2001年9月11日后，美国所有飞机停飞了3天。全美4000个气象站的测量结果显示，在此期间，白天和夜间的温差比平时平均高了1℃。当然，这个数据只是一次研究结果而已，也只是一年中秋季的一个时间段。说不定，在冬季、春季和夏季，云量覆盖程度与局部气候有区别，航迹云的净效应是降低温度而非增加温度。这一领域正在开展的工作很多，但并不是一个很容易解决的问题，因为我们的气候问题太复杂了。当然，考虑到飞行是一项重要的全球活动，我们很难从完全禁飞的情况下收集更多数据。尽管如此，科学家们还是广泛讨论了通过播云来控制全球温度的可能性，以及这是否有可能避免气候变化带来的某些影响。很多人猜想，他们可以通过将云层变得更白来增加大气的反射率，从而控制太阳辐射。精心制造出来的航迹云，似乎是一种检验这一理论的显而易见的方法，尽管这种实验具有很大的争议性，但有些人认为，已经有人在秘密进行了。航迹云的阴谋论者认为，有些航迹云在空中停留的时间太长，唯一可能的原因就是它们是由气溶胶以及其他化学物质制成的。一些阴谋论者甚至认为，这些航迹云是政府在其领土上喷洒液体的证据，以通过化学手段在心理上操纵人民。

可怕的水污染

这些阴谋论会让我们担心被操纵或是喝了饮用水而中毒，而这种恐惧心理是非常合理的。这些危险也是真实存在的，供水问题是历史上造成整个社会大规模中毒的原因。这一现象仍在现代社会里发生着。例如，在2014年，因为政府无能，美国密歇根州弗林特市的市民中了饮用水中的铅毒。也门霍乱的大爆发始于2016年，目前已有近100万病例，而这是由清洁水供应中断而引起的。不足为奇的是，对大规模感染和中毒的恐惧，已经成为小说中的共同主题，也许最著名的是电影《奇爱博士》（*Dr. Strangelove*）中出现的桥段：杰克·D.里巴将军认定，美国饮用水氟化是破坏美国人生活方式的共产主义者的阴谋。“我不能再袖手旁观，让国际共产主义阴谋者渗透进来，污染我们所有宝贵的血液。”在发动对苏联的核打击前，里巴将军这样说道。

这部电影，也许是考量一个国家在何种情况下会发动核战争的最佳影片，精准地将水中掺毒认定为全球冲突的潜在导火索。我们都需要饮用干净的水，没有它我们就活不下去。如果我们的水被掺毒或被污染了，就会带来规模惊人的死亡和疾病。在人们意识到霍乱这种疾病是由水生细菌引发之前，它已经在19世纪杀死了几千万人。

和所有液体一样，水是很难被控制的。它无处不在，会从湖泊流到河流，再汇入海洋，最终进入天空。因此，如今人们对水污染的恐惧还像以往一样强烈，但将云中倾泻而下的水作为我们大部分饮用水的源头，同样难以被保护好。云不管什么领土边界，一个国家的试验、灾难与各种行动，都会密切地影响到全世界，事实也的确如此。

《奇爱博士》是一部反讽电影，但是进入我们体内的物质可能受到了污染，围绕这一点的怀疑与恐惧是真实存在的，而且可能永远都不会消失。

“外来的物质在每个人茫然不知的时候进入了我们宝贵的血液中，当然也没有任何选择，这就是你体内‘共产主义’的核心运作方式。”杰克·D.里巴将军这样说道。不过，用“联邦政府”“资本主义公司”或“科学家”，甚至是“环境保护主义者”来替代其中的“共产主义”，你就有了反对某些政策条款最根本的论据，不管是疫苗接种、饮用水加氯，还是发电。有无数这样的案例，只要看看酸雨你就知道了。

煤通常会含有硫酸盐和硝酸盐形式的杂质，当煤燃烧时，它们就会变成二氧化硫和氮氧化物等气体。这些气体上升并成为大气的一部分，然后溶解在构成云的液滴中。这些气体的存在使液滴呈现酸性，因此当它们以雨水的形式返回地球时，便会使河流、湖泊和土壤酸化，并杀死鱼类和植物，毁坏森林。酸雨还会腐蚀建筑物、桥梁以及其他基础设施，而且酸雨常常会远离原始排放物的发源地。从它最初被排放的地方产生，却落到另一个国家，这会成为一个政治问题，也是环境问题。人们在19世纪工业革命时期就已经弄明白了酸雨的成因，但是直到20世纪80年代，主要制造酸雨的西方国家才开始齐心协力地抗击它。

1984年在乌克兰发生的切尔诺贝利核事故，导致了另一个由云带来的泛国家问题。当由核电站爆炸产生的放射性元素已经明显在空中扩散时，每个人都知道盛行的风向将决定哪些国家会受到影响。英国便是其中之一，英格兰和威尔士的牧羊人为此苦不堪言，放射性雨水会落到他们的田地里，渗入土壤和草地中。如果不能迅速采取预防措施来阻止绵羊吃这些草，那么这些羊也将变得具有放射性。直到2012年，在切尔诺贝利核爆炸发生的28年后，英国食品标准局才不再限制受影响的地区养羊。

云团其实是液体

世界是一个连通的整体，各个地区通过云层以及由此产生的降雨相互联系，而另一个层面上的飞机旅行也是一种沟通方式。当我凝视着窗外的一片白色时，发现很难将云团本质上是液体这一逻辑捋顺。组成云的单个液滴当然小得看不见，但它们也是透明的。那么，为什么云看起来是白色的呢?

实际上，当阳光直接穿过由很多水滴组成的云时，迟早都会碰到一个水滴并被反射，就像阳光被湖面反射一样。这会使光线朝着另一个方向反射出去，然后碰到下一个水滴并再次反射。如此继续下去，光线就会像弹球一样不断反弹，直到离开云层。当它最终到达你的眼睛时，你会看到被最后一个液滴反射出来的一丝光线。其他所有射向云层的光线都会发生同样的情况，所以你的眼睛看到的，其实是来自整个云层的数十亿个光点。也有一些光线会踏上更长的路线并失去亮度，因此一部分云会显得比较黯淡。你的大脑试图理解这些光点，将光线的明暗色调转化为一个三维物体的形象，它的质地与你的所见相符合。所以云看起来很像某种物体，有时候像羊毛一样蓬松，有时候则更为致密，像一座浮动的山。当然，你大脑的另一部分否定了这一切，并向你的潜意识指出，这些根本不是物体，而是光的小把戏。然而，即使知道了这一点，你也很难将云视为水滴的聚集体。

天空的美丽多半是因为云及其含水量。云以无数种方式影响了我们所感知的光，这也是世界上不同地区在光影方面的变化如此巨大的主要原因之一。但是，当组成云的微小液滴越来越密集时，光线不断被反弹，从云层顶部穿到底部的难度也会越来越大，云层便显现出深灰色。我们都知道这意味着什么，特别是在英国。天要下雨了。飘浮在云中的微小水滴开始变大，而重力也开始对它们施加更大的作用力。当水滴只有微小的尘埃颗粒那么大时，浮力和空气对流对它施加的力远大于重力，因此它们就像尘埃一样四处飘荡。但是当它们变得更大时，重力就开始成为主导，将它们化成雨滴，拉向地面。如果我们很幸运，那就到此为止，否则，它们可能会形成风暴云，而这种特殊的风暴云每年都会杀死数百人。

风暴云是在非常特殊的情况下形成的。当液滴遭遇冷空气时，水蒸气便从气态变为液态，这与你的湿衣服在晾衣绳上晾干时发生的情况刚好相反。在这个过程中，水蒸气液化会释放热量，我们称之为潜热。当水分子仍在云中时，会产生潜热，这就意味着云中的空气会变得更热。众所周知，热空气会上升，所以云层的顶部会膨胀，蓬松的积云便是这样形成的。但是，如果这一切都发生在大量温暖潮湿的空气从地面上升的时候，那么推动云中液滴向上的对流也许会强大到足以扭转雨水的方向，从而将它们一同推上去，夏天往往会发生这种情况。这些液滴将向上爬升数千米后进入天空，直到裹挟它们的空气最终完全冷却。在大气层的高处，雨滴会被冻结成冰粒，然后再次落下，但是在具体的气候条件下，它们也可能会被更温暖的空气再次向上推。与此同时，云朵越来越大、越来越高，也变得越来越黑，云也从积云变成了积雨云，也就是一种风暴云。推动水滴上升的对流速度提升至每小时100千米，云变成了一个复杂的运动旋涡，冰粒穿透上升气流并向下坠落，而上升气流携带了更多的液滴，所有这些液滴都在几千米内的高空中剧烈地碰撞着。

小心闪电

科学界依然不确定积雨云内部的条件究竟是如何导致电荷聚集的。但我们可以确定的是，电是由来自原子的带电粒子运动产生的，就像在地面上一样。所有原子都有一个共同的结构：一个位于中心的核，包含着被称为质子的正电荷粒子，它们被叫作电子的负电荷粒子包围着。偶尔会有一些电子脱落，它们获得自由后便开始四处移动，而这就是电产生的基础。当你在羊毛衫上摩擦气球时，气球上就会产生带电粒子。然后你把气球举到头顶上，头发便会随着气球的移动而移动，因为气球上的电荷吸引了与头发上的电性相反的电荷。负电荷最终还是要和正电荷重新结合，于是它会拽着你的头发向气球的位置伸展，以达到这一目的，这就会让你的头发立起来。如果电荷量更大，就会产生足够多的能量让带电粒子穿透空气并产生电火花。

在云中，这可不是轻轻地摩擦气球。你看到的是水滴和冰粒，它们全都携带着巨大的能量进行激烈碰撞，当冰粒被推到云顶时，一部分会带上正电荷，而当雨滴下坠到云底时，其中一部分又会带上负电荷。在数千米跨度的云中，正负电荷的分离由云中的风能驱动。但是正负电荷之间的吸引力依然存在，它们还是想重新聚到一起，也就是说，云中存在着不断积累的电压。这个电压可以变得很大，达到数亿伏之高，以至于它能将电子直接从空气分子中剥离出来。当这种情况极其迅速地发生时，流动于云和地球之间或是云顶与云底之间的电荷，便会被触发释放，这取决于不同的条件。放电量非常大，于是发出了白热的光，这便是闪电。而雷声是周围空气在被加热到数万摄氏度时因快速膨胀而导致的音爆。

闪电的能量如此巨大，以至于它可以让人体蒸发，并且确有其事，也因此造成了高死亡率。电总是会沿着电阻最小的路径流动，在这一点上它很像液体。但是，液体是沿着重力场流动的，电流则是沿着电场流动的。由于空气不能很好地导电，因此会给电流带来很大的阻力。此外，人体主要是由水构成的，而水可以很好地导电。因此，如果你是一道雷雨云中发出的闪电，肯定会试着找到去往地球阻力最小的路径，而一个人往往是最好的交通工具。虽然闪电可能更喜欢穿过一棵树，因为树更高，穿过含水的树枝是传导性更好的路线。如果有人正站在树下避雨，闪电也许会在到达地面的最后一段旅程中跳到人的身上，而事实正是如此。

纵观世界上的很多地区，最高的物体通常都是一些建筑物，而在西方，很长一段时间以来，任何城镇或都市中的最高建筑物都是教堂。许多早期兴建的教堂，其尖顶都是木制的，当闪电击中它们的时候就会燃起熊熊烈火。幸运的是，本杰明·富兰克林在1749年注意到了这一点，如果你在建筑物的顶部安上一个金属导体，并用一根导线将它连接到地面上，就可以为闪电创造一条更容易通行的道路，从而避免雷击造成严重的破坏。这样的导线直到现在还在使用，并拯救了成千上万的高层建筑物免遭雷击。同样的原理也可以用来解释为什么待在车内就可以保障你不遭雷击，如果闪电击中了汽车，它会沿着金属车身的外部传导，这条路径的阻力比通过乘客的阻力更小。

于是，我们就说到了飞机以及闪电的风险。当飞机在风暴云中飞行时，颠簸的气流会使飞机随着压力的变化而摇晃，甚至是突然俯冲或上扬。如果在这个过程中，云层中出现了闪电，那么飞机很可能会成为闪电传导路径的一部分。正如我们所知，很多老式的飞机都用铝合金打造机身，就像在汽车里一样，这种金属可以保护乘客免受闪电的伤害。但是现代客机所用的碳纤维复合材料，其导电性能并不是很好（将碳纤维固定在一起的环氧树脂胶是一种绝缘体），为了弥补这一点，人们在机用碳纤维的复合结构内部植入了导电金属纤维，以确保遇到雷电天气的时候，闪电会绕着飞机的外皮传导，而不会伤害乘客。尽管飞机遭受的雷击十分频繁，平均每年一次，但是50多年来并没有出现因雷击而导致飞机事故的记录。换句话说，在闪电风暴中，待在地面或树下比坐飞机更危险。乘务员并没有在飞前安全须知中提到这一点，尽管这让飞行更加安全。然而，正如前面所说，飞前安全须知并不是真正关乎安全。

危险的浓雾

相对来说，我所乘坐的飞机到目前为止已经离地面很近了。当我们在前往旧金山国际机场的途中持续降低飞行高度时，低云却使我们看不到窗外的很多东西。旧金山湾区很容易出现大雾。雾和云一样，是水滴在空气中的液体分散态，它本质上就是地面上的云。如果你待在一座舒适的房子里，在一堆柴火边取暖，品着一杯白兰地向外观看，雾就显得无害了。它为城市营造出一种浪漫的气氛，仿佛将出现某种神秘的新事物。但是如果你在沼泽地里行走、在高速公路上行驶、在高山上滑雪，或是在飞机上以每秒10米的速度下降，那么雾就意味着潜在的致命风险。船舶因海雾遮挡视线而撞上岩石的历史悲剧，在航海中仍然令人感到极度恐惧。除非安装了现代电传操控系统，否则大雾会导致机场关闭，并造成飞机无法降落。雾是很可怕的，雾也是很危险的，这可能也是像万圣节这样纪念死亡的节日，经常会在一年中迷雾盛行的日子里举行的原因。

雾在地面的成因与云在空中的成因相同。潮湿的空气冷却后，其中的水会液化成细小的水滴。就像高海拔地区一样，水滴的形成需要一个成核点，在传统的城市中，这由做饭或取暖时生火产生的烟雾提供。现在，成核点通常来自工厂烟囱和汽车尾气。当这种污染长期超过极限时，就会形成一种被称为雾霾的浓雾，往往会连续盘旋好几天，将污染物裹挟于其中，并笼罩在城市上空。在伦敦，有记录的雾霾历史可以追溯到1306年，当时有一段时间，爱德华一世国王为了解决这一问题，一度禁止民众用煤取火。天气变得如此糟糕，以至于在雾霾横行的时候，伦敦人伸手不见五指。但是，不管爱德华如何努力，几个世纪以来，雾霾问题一直困扰着伦敦。1952年致命的伦敦大雾，在4天时间里杀死了4000多人。政府这才通过了全国第一部空气治理法案。

旧金山经常遭遇浓雾，这是多种条件综合作用的结果。太平洋温暖而潮湿的空气被带到了城市上空，并在那里遇冷凝结，然后与汽车尾气共同形成了雾。我们此刻正在这样的雾中下降，尽管飞机和机场都已经习惯了这样的状况，完全知道怎么安全着陆，但是当飞机持续朝着地面下降时，我还是不由自主地感到自己越来越焦虑。因为窗外除了一片令人毛骨悚然的白色，什么也看不见。

“当当当，”飞机广播又响了，“机组人员注意，准备着陆。”关乎安全的关键时刻到了，我们就要抵达目的地了。除了发动机的轰鸣声和空调的风声，机舱里一片寂静。每个人似乎都陷入了同样的焦虑中。窗外偶尔也会变得很清晰，我可以看到地面上的事物，比如一棵树或是一辆汽车，但是白雾很快就会卷土重来，发动机发出的颤音进入我的耳中，而飞机也会随之突然下降或摇晃。

随着飞机飞得越来越低，我也越来越紧张。我知道，从理性上来讲，飞机是最安全的长途旅行方式，但我总是会担心出现意外。窗外有致命的雾，而我们都被安全带绑好了，客舱里的机组成员也是如此，他们正无动于衷地看着我们。这样的工作他们每周都会做上几次，我很想知道，他们是如何应对最后这一段飞行的。很明显，在这一段飞行过程中，我们的性命掌握在飞行员的手中，这取决于他们能否很好地处理看不清或意料之外的状况。只有超然物外的苏珊似乎没有受到任何影响，她放下书，静静地看着窗外，显然对我们成功着陆充满信心。

第十二章　流动却坚实的地幔、冰川、熔岩

“砰”的一声，整个机身都在颤抖，发出的声响像是1000个橱柜同时被关上。当机长切断飞机发动机的动力时，我们的身体都向前倾斜，并勒紧了安全带，而飞机的着陆速度从每小时约208千米骤减到约112千米、64千米、24千米，直到我们的飞机滑出了跑道。机舱里顿时洋溢着轻松的氛围，有几个人拍着手说：“我们又回到了坚实的地面上。”

尽管用“坚实”来形容地球并不是很准确，因为就行星而言，地球并不是特别坚固。它最初是一个由热液体构成的球，经过一亿年的冷却才在外部形成了一层薄薄的岩石地壳。这发生在大约45亿年前，从那时起，我们的星球就一直在冷却，但内部还是液态的。正是地球内部这些流动的液体，创造出了保护性的地球磁场，并由此维持了地球的生命。不过，流动性同时是一种破坏力，它导致了地震、火山爆发以及构造板块的俯冲。

地球的中心确实存在着某些坚固的东西——一个由铁和镍构成的金属核心，其温度大约是5000℃。即使在这个高于正常熔点数千摄氏度的温度下，它也依然是固体，这是因为地球中心的巨大重力迫使液体形成了巨大的金属晶体。地核周围是一层熔化的金属，主要成分依然是铁和镍，厚约2000千米。在这个地球内部的金属海洋中，不断流动的电流成了地球磁场产生的原因，而且这个磁场非常强大，它不仅延伸到地球表面，让指南针为我们导航，还蔓延到了遥远的太空。在那里，地球的磁场如同一块盾牌，起着至关重要的保护作用，让我们免遭太阳风和宇宙射线的侵袭。如果没有地

球的磁屏蔽，这些射线会剥夺我们的大气与水，并很可能毁灭地球上的所有生命。行星科学家认为，火星早在一段时间前就失去了磁屏蔽，所以它没有大气层，成了一颗寒冷而死寂的行星。

流动的地幔

包围着我们这片液态金属海洋的是一层岩石，其温度在500℃到900℃之间，这便是地幔。在这样炙热的温度下，岩石在数秒、数小时乃至数天的时间里表现得像固体，但在经年累月的时间里表现得像液体。换句话说，这些岩石即使没有熔融也依然会流动，我们称之为蠕动流。岩石地幔的主要流动方式是对流，靠近液态金属海洋的热岩石上升，而靠近地壳相对较冷的岩石会下沉。这和你加热一盆水时看到的流动现象是相同的，水盆底部的热水膨胀，比水盆顶部较冷的水密度更小，于是冷水就会下沉并替代热水。

地幔的顶部便是地壳，它就像地球的皮肤。这是相对较薄的一层，由冷却的岩石构成，厚度为30~100千米，被地球上所有的山脉、森林、河流、海洋、大陆还有岛屿覆盖。此时随着飞机广播的再次响起，航班的机组人员确认，我们刚刚降落在了地面上。

“女士们，先生们，欢迎来到旧金山机场，现在是当地时间下午3点42分，地面气温为3℃。为了您的安全与舒适，请系好安全带，直到机长熄灭安全带标志。”

这一刻，回到地面的轻松感可能会让你觉得，支撑我们生活的地壳是一个稳定的固体，我们可以放心地依靠它。不幸的是，事实并非如此，地壳基本漂浮在下面的地幔流体上，更不稳定的是，它是由一些独立的部分构成的，我们将这些部分称为构造板块。地幔的对流作用力使周围的构造板块发生移动，并导致它们在互相碰撞时发生扭曲。地球上一共有7个主要的板块，它们通常与各大陆排列在一起，比如北美板块包括北美洲、格陵兰岛，还有北美与欧亚板块之间的所有海床，而欧亚板块包括大部分欧洲。所有的构造板块都在移动，但是方向各不相同，它们相遇的地方被称为断裂带，是板块碰撞带。当板块挤到一起的时候，它们就会抬升并形成山脉。而当板块分离的时候，新的地壳形成，而熔岩会从下面的地幔中喷射而出。断裂带也是大地震最容易发生的地方。

我很肯定，与我同行的旅客们都知道危险。如果他们居住在旧金山这样的地方，怎么可能不知道呢？这座城市坐落在北美板块与太平洋板块的断裂带上，爆发大地震的历史非常悠久，以后还会出现更多。1906年，一场地震摧毁了这座城市80%的区域，造成3000多人死亡。接下来，1911年又有一场，1979年还有一场，然后是1980年、1984年、1989年、2001年和2007年，这些还都只是大地震。在同一时期，地壳中还有很多比较小的扰动。生活在旧金山这样的地方，你就会更清楚地明白，了解地球的流体动力学是多么重要。它不但解释了大地震为什么会在某些地区频繁发生，而且能帮我们认识另一个极其重要的相关参数——海平面。

海平面上升，后果很严重

因为地壳位于流动岩石的顶部，如果它被压下去，比如在数千米厚的冰山巨压之下，它就会沉入地幔。这就是发生在南极洲和格陵兰岛上的事情，它们都被2 ~ 3千米厚的冰覆盖着。为了更好地理解这些冰盖的规模，你可以想想南极冰盖中含有地球表面60%的淡水，也就是大约2600亿亿升水，重约26 000万亿吨。如果全球变暖导致所有的冰融化，那么海平面将上升50多米，这会淹没世界上的每一座沿海城市，并使数亿人无家可归。这似乎显而易见，相对没那么明显的是，从南极洲释放的水会减少对底下岩石施加的压力，而这些陆地会因此而隆起（这叫作冰后期回弹）。格陵兰岛也是类似的情况，岛下的地壳正被冰盖中所含的300亿亿升水压迫着，如果所有的冰都融化了，北美构造板块就会抬升。如果由此导致的大陆抬升高度大于海平面的上升高度，就可以避免大洪水暴发。弄清哪种情况更可能发生，对我们的未来，特别是对我们未来的后代来说，是至关重要的，因为从目前的趋势来看，全球变暖加剧必将导致其中一种情况的发生。

目前，我们知道的就是这些。自20世纪初以来，全球海平面平均上升了20厘米。其中一些原因是，海水随着海洋温度上升出现了热膨胀，因为更热的液体会占据更大的空间。格陵兰岛和南极洲的冰盖融化也是一部分原因，还有其他冰川在融化。海平面上升是全球性的现象，影响着所有沿海的居民，无论是一个完全会被太平洋吞没的小岛，还是孟加拉国这样的大国，都不例外。对孟加拉国来说，海平面若是上升1米，就会有近20%的国土被淹没，造成3000万人流离失所。此外，冰后期回弹只会影响格陵兰岛和南极冰盖重压之下的部分地壳以及与之相连的海岸。换言之，当地球的冰融化时，就会有赢家与输家，而这一切都取决于哪一块冰会先融化，是北半球的格陵兰岛，还是南半球的南极洲？

如果北半球的冰先融化，那么格陵兰岛将回弹到比平均海平面更高的位置，北美大陆也是如此，因此那里的海平面一开始会下降。额外的水会分布在整个海洋，北部构造板块高度的抬升则是一个局部效应。如果发生相反的情况，南极上的冰在格陵兰岛冰盖之前融化，那么南部构造板块将会首先回弹，而整个北美洲的东海岸都将处于水下。

冰川和山脉也会蠕动

其中一个很大的未知数是冰块的移动速度有多快，因为要想从大陆上消失，这些冰并不是非融化不可。冰也会蠕动，这就是冰川的运动方式，即使是固态的冰，也会从山上流淌下来。蠕变的过程和黏性液体渗出的原理没有什么不同。当重力作用于液体中的一个分子时，将其固定在一起的某些弱键就会断裂，从而使其朝着合力决定的方向移动。但是这也需要空间让它进入，如果它找不到空间，就会对邻近的分子施加压力，并促使它们移动。液体的结构大多是混乱的，所以空间往往是开放的，可以允许分子在受力作用下自由地移动穿梭，于是液体流动了。同样的事情也发生在固体中，但是分子和原子只拥有相对较少的能量来破坏将它们与相邻粒子结合在一起的键，因此这个过程要慢得多。固体还有一个非常有序的结构，很难找到供原子移动的空间，所以它们流动得非常缓慢，我们只好称之为蠕动。你可以通过将固体置于更高的压力下，或是提高它们的温度来加速蠕变。在更高的温度下，原子具有更高的振动能量，从而能够打破现有的键并跃入一切可被利用的空间。随着全球气温的升高，冰盖也发生了这种变化，在重力的作用下，整座冰山都在朝着海洋的方向蠕动。

冰以冰川的形式蠕动，速度会相对快一些。例如2012年，格陵兰岛的冰川以每年约16千米的速度向海洋移动。它们之所以移动得这么快，是因为冰层的温度达到了-10℃到-50℃之间。尽管这听起来已经很低了，但这些冰的温度只是比它们的熔点0℃低了10~50℃，也就是说，冰晶中水分子的能量与它们转化为液态水所需的温度相差并不大。相比之下，构成山体的岩石，其熔点在1000℃到2000℃之间，因此一座大山中岩石的原子比它们的熔点低了上千摄氏度，看上去比冰川更像固体。所以，山脉的蠕动速度要比冰川的慢，但它们仍然在移动，需要数百万年的时间才能挪动出可被感知的距离。地壳深处的温度更接近岩石的熔点，所以构造板块的移动速度会比山脉的更快，达到每年1～10厘米。

这个数字听起来不大，但请你现在想象一下，因为还有另一个板块挤压着它，而这些力量都作用在数百千米长的断裂带上，所以必须付出一些代价。否则，这种张力将会年复一年地累积，直到板块破裂或滑动，导致巨大的能量几乎在瞬间释放，这便是地震。1906年旧金山地震释放的能量相当于大约1000枚核弹。2011年引发海啸袭击日本的地震威力则相当于2.5万枚核弹。正是这种巨大的能量输出，使得地震造成的破坏如此广泛，距离震中几百千米以内的城市都会遭受灾难。

但是，能量的积聚并不总是会产生地震。有时候岩石会蠕动，就像两张纸被挤到一起，会缓慢地向上移动以释放压力，这需要一股巨大的力，而这股巨大的力正是由构造板块产生的，也正是这种无法阻挡的褶皱造就了山脉。阿尔卑斯山脉、落基山脉、喜马拉雅山脉和安第斯山脉等地球上的大山脉，全都位于构造板块交汇的地方，它们都是历经数百万年的缓慢运动而形成的。

探秘活火山

不过，并非所有的山都是这样形成的。也许最令人印象深刻，也是最快的一种造山方法，是火山爆发。如果你没有看过炽热的红色熔岩河流从地球内部涌出，那么你这一生真的应该体验一下，哪怕只有一次。这是大自然最令人敬畏和谦卑的景观之一，有点儿像坐着时光机器回到星球诞生的时候，你目之所及的每一个角落都会有烧焦的岩石和黑色的灰烬，夹杂着硫黄、烟雾以及火山灰的气味。

当我唯一一次亲眼看到活火山时，我差点儿就一去不复返了。当时我在危地马拉生活了一段时间，正在学习西班牙语。那是1992年的夏天，我与一家人同住在安提瓜老城，这座老城坐落于中美洲火山弧上的多山丛林地带。所谓的中美洲火山弧，是指太平洋沿岸由板块活动形成的一系列火山。据估计，在过去的30万年里，这些火山的喷发已经形成了70立方千米的山脉。帕卡亚是该地区最活跃的火山之一，它靠近安提瓜，最近一次大爆发是在2010年。

当我在安提瓜的时候，去火山参观的活动是由集市广场安排的非正式活动。我住在危地马拉的家人警告我不要去，因为在1992年，这个国家仍然充斥着强盗和不法分子，他们经常打劫那些年少无知、手无寸铁的去乡下的观光客。不过，就是因为我年少无知，所以把他们的建议当成了耳旁风。于是，在一天下午的晚些时候，一辆卡车满载着和我一样年少无知的背包客们，被两个年轻的危地马拉人带进了丛林。太阳落山的时候，我们到达了帕卡亚脚下，并开始穿过“森林”向上爬，虽然这片“森林”里没有一棵树。帕卡亚是一座活火山，仍会间歇性喷发，喷出一团团烟雾和火山灰，将成吨的熔岩抛向空中。火山喷发出的这些物质摧毁了曾经生长在锥形山周围的所有森林，因此在我们所处的位置，也就是火山底部，只有一个由火山灰垒起来的陡峭斜坡，每隔10米左右就会看到一棵焦黑的树桩。当徒步行进时，我们沿着这堆黑色而松散的矿渣走，周围弥漫着污浊的烟雾，像是《启示录》里的一幕。当我们继续向上走的时候，路变得更陡了，很难再穿过这些烧过的松散矿渣。但我们充满了斗志又极富冒险精神，最终在夜幕降临时，抵达了山顶。

天很快就黑了，向导示意我们躲在火山口边缘的一块大石头后面，而他们前往火山口查看帕卡亚此刻是什么“心情”。很快，他们就回来了，兴奋地告诉我们，它“醒着”，熔岩正在冒泡。于是我们也向前爬去。火山口的硫黄味喷涌而出，好像就在100到200米深的某个地方，具体位置我也说不清楚。然后我们就看到了熔岩。那是我永远都不会忘记的时刻之一，仿佛是第一次看到了我们星球的内部。我们都瞠目结舌，像是在某种野生动物的巢穴里近距离观察着。说时迟，那时快，一阵爆裂声响起。我们的向导非常担心，窃窃私语起来，耳边却传来更多“砰砰”的声音和一阵微弱的撞击声。帕卡亚似乎真的醒了过来，它向空中喷射熔岩，而那撞击声就是熔岩落地的声音。后来我才发现，每一颗熔岩都有一两千克重。我们当时都没有戴安全帽，也没有穿耐热的衣服，甚至没有穿靴子（我穿的是运动鞋）。向导说，在这种情况下，最好的办法就是快跑，而我们其实已经不需要听他们的劝了。我撒腿就跑，生怕下一次“砰砰”的声音会带来一颗飞溅到我头顶的熔岩，然后我滑倒了，以最快的速度从“矿渣山”上摔落，身后依然是“砰砰砰”的声音，不绝于耳。在回到安提瓜的卡车上时，我们的向导笑了起来。这事显然是挺悬的。我终于明白了他们为什么不害怕强盗，因为强盗固然危险，却不是最大的危险。

摧毁一切的火山爆发

不过，在宏大的板块背景下，帕卡亚火山的喷发不过是件小事。地球上最大的火山是夏威夷主岛上的莫纳罗亚火山，它是由岩浆堆砌出来的。大多数的火山活动都发生在海底，而整个夏威夷群岛都是由火山活动构建出来的，并且一直持续到今天。这使它们成了一个非常危险的生存之地，一次大喷发就可以将熔岩喷射到半英里外的高空，并产生炎热无比而又令人窒息的火山灰团。这种大规模的灾难并不是前所未闻的。在公元79年，意大利的维苏威火山爆发，灼热的火山灰掩埋了古罗马的庞贝城和斯塔比亚城，几乎在一瞬间杀死了很多居民。

1883年，位于印度尼西亚的喀拉喀托火山爆发，随之而来的声响巨大无比，在数千英里外都能听到。据估计，这次爆发的规模相当于1.3万枚原子弹，造成3万多人死亡。在这次火山爆发后，人们发现一大部分岛屿已经消失不见。

这些超大规模的火山爆发不仅是我们历史的一部分，而且不幸的是，它们还将在未来不可避免。例如，最近人们在日本南部海域的一座海底火山中发现，大量熔岩在此堆积。熔岩缓慢渗漏，已经在海床上方约600米处形成了一座圆顶。在7000年前，这个火山区域发生了一次超大喷发，摧毁了日本的一些岛屿。下一次这样的火山爆发可能正在酝酿之中，可能会给日本带来类似的巨大影响，还会让地球大气层充满火山灰。这些火山灰将在大气中停留数年，阻挡阳光，并降低整个地球的温度，形成所谓的全球冬季。

不过有些事情很奇怪。尽管经历了几十亿年的火山爆发和几十

●火山熔岩

亿年的板块运动，地球上的山脉依然不是很高。从太空中看地球，这一点最明显。从那么高的位置望下去，我们就像生活在一个几乎完美的“台球”上，没有什么巨大的突出物。在如此光滑的球体上，相对来说，山脉只是微不足道的褶皱，但它们已经存在了数十亿年，本可以长得更高。那么，它们为什么没有长高呢？实际上，有两个过程会不断地让山脉变小。首先是侵蚀作用。雨水、冰块和风，会不断地剥落山上的小颗粒物，将它们风化并磨碎。其次，由于山的重量会随着山体的生长而增加，所以会对它下方的岩石产生压力，随着时间的推移，这些岩石会蠕动或流动，将山体重新拽回地壳中。因此，就像冰盖会压得南极洲沉降一样，构造板块也会被山脉压得发生沉降，山体越大，下沉越多。

当然，当我们着陆的时候，机组人员并没有提到这一点，毕竟地球一直在移动，这也许是生活在一个变幻莫测的星球上的最佳处理方法。尽管我们已经充分了解了地震形成的根本原因，却没有人能够预测下一次地震会在何时袭击旧金山。也许就是今天，我一边想着一边看着苏珊，而她对此似乎并不担心。我想，她可能在自欺欺人，就像其他人一样。还有什么其他办法能让我们快乐地生活在这薄薄的地壳上吗？我们在这颗流动的星球上繁衍，而星球本身产生了不可思议的巨大力量。这力量大到足以在数百万年里造出大山，又在几分钟内摧毁整座城市；这力量喷涌出新的岛屿，又吞噬了其他一些岛屿；这力量导致整个大陆因冰盖的重力而下沉，而这些冰此刻正在融化，也不可避免地引起海平面上升，威胁到包括旧金山在内的所有沿海城市。这些力量不会停止，因为它们是由地球的流动性和液体属性产生的。作为现存的文明，也作为现存的物种，我们必须学会与它们共处。

苏珊就是这么做的，她正在把手机上的摄像头当作镜子，帮助自己涂口红。我喜欢她，但我仍然不知道她是谁，不知道是什么让她兴趣盎然，也不知道她要去哪儿。我唯一能肯定的是，她真的叫苏珊。这是我从她的海关申报表上看到的，此前她用我的圆珠笔填过单子。这支笔，此时已经由她随身携带，而她正敏捷地挤进过道，将头顶上的行李以一种近乎流动的方式拉了下来，然后朝出口走去。与此同时，我们通过机舱广播收到了最后一条振奋人心的消息：

“我谨代表航空公司和全体机组成员，感谢您搭乘本次航班，我们期待在不久的将来再次与您见面。祝您度过美好的一天！”

第十三章　可持续性的焦油

生活在一颗流动的星球上，我们唯一可以确定的一件事就是变化：海平面在上升；地球的地幔在流动，连大陆也在跟着移动；火山会爆发，创造出新的土地，也毁坏一些土地；飓风、台风和海啸会持续袭击我们的海岸线，将城市变成断壁残垣。面对这样的未来，唯一合理的似乎是建造我们的家园、道路、供水系统、发电厂，当然还有机场，等等，让我们过上体面且文明的生活，以此来抵御破坏。这些建筑必须坚固耐用，这样才能在地震或洪水中留存。这一点儿都没错，但是如果我们能将基础设施设计成可自我修复的，使我们的城市在遭遇环境变化时变得更具灵活性与可恢复性，那就更好了。这听起来有些牵强，可事实上，这是生物系统数百万年来一直都在做的事情。想象一棵树，如果它在暴风雨中受损，它可以通过长出新的枝条来实现自我修复。同样，如果你割伤了自己，你的皮肤也会自行愈合。那么，我们的城市是否也能具有类似的自愈性呢?

1927年，昆士兰大学的托马斯·帕内尔（Thomas Parnell）教授进行了一项实验，研究如果黑色焦油留在漏斗中会发生什么。他发现，经过几天时间，它看起来就像固体，停留在原地。但是经年累月之后，它开始蠕动，表现得又像液体。事实上，它开始沿着漏斗流下，并开始形成液滴。第一滴焦油在1938年滴落，第二滴在1947年滴落，第三次则发生在1954年，以此类推，第九滴在2014年滴落。这是一种令人惊讶的现象，因为当你开着车在这种材料上行驶时，它看起来非常坚固。路面上铺的是沥青，但沥青其实

●昆士兰大学的沥青滴落实验（照片拍摄于1990年，此时第七滴于两年前滴落，十年后又滴落了第八滴）

就是焦油与石子的混合物。这到底是什么情况？

让道路自我修复的焦油

焦油是一种比任何人的直观想象都要更有趣的材料，这里的“任何人”也包括材料科学家。它看起来不过是毫无亮点的黑色污泥，人们从地下提取它，或是将它作为原油的副产品生产出来。但事实上，它是一种由碳氢化合物分子构成的动态混合物，经生物有机体的分子机制腐化后得到。这种腐化的产物含有非常复杂的分子，虽然不再是生命系统的一部分，但它们会在焦油中自我组织，形成一套相互连接的结构。因为在正常温度下，焦油中较小的分子具有足够的能量穿过其内部结构，从而使这种材料具有流动性。所以，焦油是一种液体，尽管它很黏稠，它比花生酱黏稠20亿倍。这也是帕内尔教授的焦油会花上那么长时间才会从漏斗中滴下的原因。

焦油特有的刺鼻气味来自含有硫元素的分子，而硫通常是一种与臭味有机物相关的元素。当你行走或开车经过工程师们正在铺设的新路面时，你便会看到或闻到他们正在加热的焦油。因为高温会为分子提供更多的能量并使之移动，所以焦油具有流动性。但是额外的能量也会让更多的分子蒸发到空气中，使它的味道变得更难闻，这和温过的酒更香是一个道理。

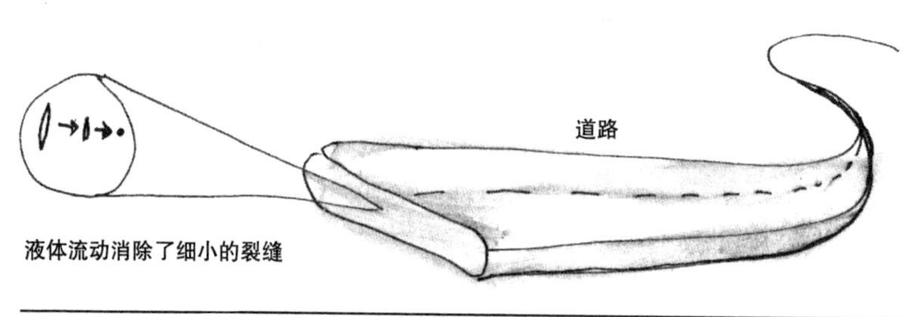

●沥青路面内部的液体使裂缝自愈

用一种气味刺鼻的液体来筑路，这看起来似乎有些愚蠢，但是工程师们在这种材料中添加了石子，从而创造出一种复合物：一部分是液体，一部分是固体。实际上，它和花生酱的结构类似，因为花生酱就是由许多碾碎的花生碎和一些油黏结在一起的。石头的强度和硬度支撑着在沥青上行驶车辆的重量，也帮助道路抵御因暴露在外而造成的损坏。如果施加在路面的作用力太大，那么有时候也会出现裂缝，但通常是在石子以及将它们粘在一起的焦油之间，这正是液体性质的焦油可以修补的位置。因为焦油会流入裂缝并重新密封，从而使道路实现自我修复，所以道路的寿命比单纯的固体表面长得多。

当然，作为道路使用者，你会注意到它们的自我修复力也是有限的，道路最终还是会老化并解体。温度是原因之一。如果温度较低，如20℃以下，液态的焦油会变得过于黏稠，以至于它无法在出现裂缝的时候回流并将其愈合。除此以外，随着时间的推移，空气中的氧气与焦油表面的分子发生反应，改变了它们的性质，使之变得越来越黏稠，越来越难以愈合裂缝。慢慢地，道路表层的颜色发生变化，变得更不像流体，就像你的皮肤会随着年龄增长而出现弹性下降和干燥的现象。这时，你会看到有一些小坑洞形成，除非经过处理，否则它们会逐渐扩大，最终导致路面彻底崩坏。

举个例子，我乘坐机场大巴去酒店。刚刚抵达这座城市，我们就遇到了大堵车，其原因是道路翻修而导致车道关闭。当三条车道变为一条时，机场大巴只能缓缓挪行，据我估计，我们在30分钟内移动了不到1.6千米。按照我的生物钟，此时正是凌晨2点，所以我很累。更绝望的是，我很想上厕所。

事情本不必如此。或者说，至少我们这些材料科学家希望不必如此。世界各地的科学家和工程师都在忙于制定延长道路使用寿命的策略，从而减少交通堵塞。在荷兰，一组工程师正在研究在焦油中加入微小钢纤维的效果。这不会明显改变道路的机械性能，却会使其变得强度更高。当材料暴露在交变磁场中时，电流会在钢纤维内部流动，从而对其进行加热。经过加热的钢纤维会加热焦油，使焦油在局部更具流动性，从而流动起来并修复裂缝。从本质上说，他们额外提高了焦油的自愈性，也在应对冬季寒冷天气带来的挑战。这项技术目前正在荷兰的高速公路上进行测试，并使用一种特殊车辆对道路施加磁场。他们的构想是，未来所有的车辆都可以安装这样一种装置，每个人开着车行驶在路上，都会让道路重焕活力。

3D打印焦油

解决焦油因自然流动性而损失这一问题，还有另一种方法：补充焦油损耗的挥发性成分，也就是那些让焦油流动的分子。最简单的做法是为路面抹上一层特殊的“面霜”，这其实是一种保湿乳液，就像我们在皮肤上使用的面霜。此方法还有一种更复杂的版本，目前正由诺丁汉大学阿尔瓦罗·加西亚（Alvaro Garcia）领导的团队进行测试。他们将葵花子油的微胶囊放入焦油中，微胶囊会在材料内部保持完整，直到微裂纹出现并造成胶囊破裂。葵花子油一旦被释放，就会在局部增加焦油的流动性，从而在促使其流动的同时提升道路的自愈能力。他们的研究结果表明，葵花子油被释放后两天，破裂的沥青样品便完全恢复了强度。这是一个巨大的进步，据估计，这有可能将道路的使用寿命从12年延长到16年，而成本只是略有增加。

在我们制造研究所的科研小组中，我们正在研究那些能在裂缝变大后有效修复沥青的技术：3D打印焦油。

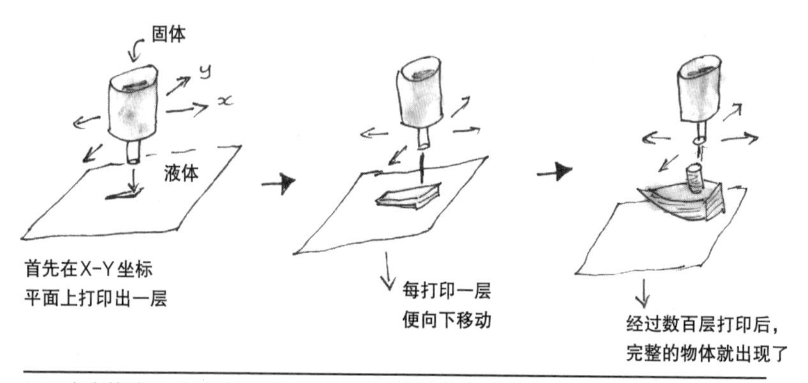

●3D打印的过程。打印头将固体转化为液体（通常是采用加热方式），然后在X-Y坐标平面上把预先设定的图案喷射出来。一旦冷却之后，打印平台上就会形成一层固体。然后，向下移动打印平台，再打印出另一层不同的图案。用这种方式打印几百层后，就能创建出一个完整的物体了

3D打印是一种比较新的制作或修复物品的方法。数千年前，印刷术在中国被发明出来，这项技术是通过木质印刷版将油墨转移到纸上。世界上其他地区的人对此十分关注并不断进行创新，为我们创造了一个充满书籍、报纸和杂志的世界，从而引爆了一场信息革命。但是所有这些印刷品都是2D打印。3D打印将这一技术又推进了一步，不只是在一张纸上打印出薄薄一层由液态墨水构成的二维图像，而是让你打印出很多二维液体层并不断叠加，每层液体都在下一层打印出来前固化，最终构建出一个三维物体。

当然，你不需要用墨水来进行3D打印，而是使用一切能从液体变为固体的材料。只要看看蜜蜂就够了，3D打印采用的正是蜜蜂制造六边形蜂巢的方法。当工蜂长到12至20天大的时候，它们会长出一个特殊的腺体，能将蜂蜜转化为柔软的蜡片。它们咀嚼蜡片，再让蜡片一层接一层地凝固，从而搭建出蜂巢。黄蜂也用同样的技巧来筑巢，它们咀嚼木纤维，使之与唾液混合，为幼虫建造出纸质的“房间”。

●早在人类发展出3D打印技术之前，蜜蜂已经采用了这一方法搭建它们的蜂巢

如今，人类的3D打印技术正在赶超蜜蜂和黄蜂。比如，塑料可以从打印机中一层一层地被喷射出来，创造出比蜂巢更复杂的固体物。甚至带有活动部件的物品也可以采用3D打印，这一技术在医学上正被用于制造具有可活动关节的假肢，所有的假肢都是独一无二的，成本却很低。3D打印也可以用于生物材料。2018年，中国科学家进行了第一次临床试验，为先天畸形的儿童打印出了替代性耳朵。他们用患儿自己的细胞组织和3D打印机，制作出了让细胞长到耳朵里的支架。

3D打印技术也适用于金属。荷兰的MX3D公司正在利用3D打印技术来制造钢桥，将熔融的钢水叠加到一起，再使用从焊接技术借鉴来的工艺一块一块地拼接钢桥。另一种3D打印金属物体的技术是使用高功率的激光熔化金属粉末，再将它们连接在一起。这项技术被用来制造各种物品，从黄金首饰到喷气式发动机的零件。它的主要优势是很容易制作出中空的物品，从而节约了材料，也减轻了重量。越来越多的物体被设计成有管道的形式，可让冷却剂、润滑剂甚至燃料从中通过。从根本上来讲，这种设计模仿了我们的身体。身体的一部分是固态的肉体，还有一部分是液体。我们的血液通过循环系统和动脉系统输送营养物质，也将蛋白质和其他分子成分输送到受伤的部位，让它们生长出新的细胞，来替换皮肤、大脑、肝脏、肾脏、心脏等器官里的受损细胞。多亏有了3D打印，我们现在可以模仿自然的另一面，或许能通过自我修复而延长技术的使用时间，并因此更具可持续性。

“水足迹”

当然，人体依赖循环流体的副作用就是废物的产生，而且必须把废物排出去。当我到达旧金山的酒店门口，从机场大巴下去时，我首先想到的就是去处理掉一些液体，我快憋不住了。我在办理入住手续的时候，双脚轮流跳着，然后冲向分给我的房间。当我心情沮丧地把房卡插进门上的卡槽时，我几乎要尿裤子了。刷卡，再刷卡，直到最后终于打开了门。再然后，就是释放！

套间浴室的乐趣远远不止能在此随意小便，那是我们清洁、放松和享受的地方。这一切都是因为自由流动的洁净水可以在此轻松获取。发达国家的大多数人都认为这是理所当然的，因为输送净水与清除废物的基础设施几乎都不会被人看见。但是它们就在那里，是我们城市中的重要网络，而且运行成本惊人，哪怕是在旧金山这样水资源充沛的地方。保持废物可控并将其清理，以便它可以无污染地返回我们的河流与海洋，就需要大量的过滤机械、沉淀池和再处理单元。这些都会耗费金钱与能源。你越不希望脏水去污染生态系统，处理成本就会越高，你也需要越多的水去稀释从再处理车间产生的水。因此，处理洗碗机、洗衣机、淋浴器、浴室和厕所排放的废水对旧金山这样规模的城市而言，并不是件易事。饮用水供应也必须来自某处水源，这就需要更多的过滤、泵送与监测。水从干净到肮脏，再到净化的每一次循环，都会消耗能源，并因为废物的产生而对环境造成影响。

制造业也需要使用大量的水，因此在购买大多数产品时，你也会增加属于你的“水足迹”。你可能一周只洗两次澡，并使用低冲水量马桶，但你的水足迹可能还是很大。据估计，由于纸张、肉类和纺织品等水资源密集型产品的存在，美国人购买并且只使用一次的商品，其平均水足迹达到了每天583加仑[1]。即使是看似平凡的活动，如吃汉堡、看报纸或买T恤，也会对一个人的水足迹产生很大的影

(1) 1加仑（美制）约为3.78升。——编注

响。因此，酒店浴室的指示牌提醒我，水是一种宝贵的资源，并建议我不要每天都索要新毛巾。

世界人口会在未来几十年里增长到100亿，据估计，获取清洁水在世界上很多地方将成为一场日益激烈的斗争。目前，大约有10亿人无法获得干净的水源，并有三分之一的人口会在全年内遭遇水资源短缺的情况。如果没有清洁的水，那么我们可以预见，贫穷、营养不良、疾病扩散等现象会增加。需要强调的是，这个问题不仅影响大城市，也会波及农村地区。例如，巴西圣保罗市在2015年经历了严重的水资源短缺，干旱使当地的主要水库干涸。据估计，在危机最严重的时候，这座拥有2 170万人口的城市只剩下能维持20天的可用水。全球还有许多大城市也面临着气候变化、人口增加等类似情况，随着人们越来越富裕，人均水足迹也变得更大。

从玻璃到塑料

虽然我们都非常依赖水，但是为了让我们的社会健康而又可持续地运转，我们也需要其他液体，有一些令人吃惊。比如，液态的玻璃。我们的许多食物和饮料都是用玻璃来保存和运输的，这是一种非常合适的好材料。由于玻璃具有化学惰性，它不会与瓶子或罐子中盛装的物质发生反应，因此产品可以被保存更久。不过玻璃确实会破裂，当它破裂时，必须将其再次熔化成液体，才能制成新的容器。数千年来，人们都是这样做的，这是一个让我们重复利用废物的循环系统。

玻璃作为一种包装食品和饮料的材料，确实有缺点。它的密度较大，在全世界运输它的时候，需要消耗大量的能源。而在重新将它熔化的时候，也需要耗费很多能量，因为它的熔点很高。由于这两个因素，在一个主要依靠化石燃料供能的世界里，玻璃容器最终加剧了由气候变化引发的问题。

于是，在20世纪，人们开始转向塑料包装，它更轻便，也更灵活，重新熔化成新包装所需的能量也要少得多。但这只是理论，现实情况完全不同。许许多多不同的包装塑料已经被开发出来，每一种的性能都令人惊叹不已，可以用于包装食品、液体、电子产品等商品。没有人冷静地思考，如果这些塑料全部被收集、循环并熔化在一起，究竟会发生什么。这种混合物会产生次品塑料，无法完全发挥原始材料的作用，因为组成典型塑料的碳氢化合物分子单体会以特定的化学方式互相粘连在一起。这种粘连在塑料内部创造出了特殊的结构，决定了它的强度、弹性和透明度。

如果你把不同的塑料熔合在一起，最终会是一团糟。因此，塑料必须被小心翼翼地分开处理，才可再次利用。由于日常使用的塑料有200多种，而且市场上不管什么商品都会使用两三种类型的包装，还都是五颜六色的，因此分离塑料的成本非常高。我们暂时还没有找到一种将它们液化的方法并建立起一个可持续的体系。

遗憾的是，在世界范围内，大多数塑料包装都没有被回收，而这一事实正在逐步造成环境问题。我们的垃圾填埋场里到处都是塑料，塑料包装都被设计得很轻，很容易被风吹走。塑料会漂浮，当它们落在河流中时，最终都会流向海洋，污染生态系统。这种情况正在加速发生，按照目前的速度，估计到2050年，海洋中的塑料含量将会超过鱼类。

塑料包装问题的解决并没有一个简单的答案。如前所述，使用玻璃需要耗费大量能源，这种能源是不可持续的，除非它是可再生的。纸是另一种可能的替代品，但它们的生产相较于塑料而言，会耗费更多的能源与水资源。使用较少的包装是一种很有吸引力的可能。但是由于大多数农业和制造业都是水资源高度密集型产业，更少的包装就意味着更大的浪费，总体而言，这很容易给全球的水和食物供给带来更大的压力。因此，我们发现可持续包装问题形成了一个完整的循环，而参与循环的通常都是那些依赖液体的物品。

因此，我对这次可持续技术大会抱有很大期望，专程飞了约8000千米来参加。参会者是否会对我们在城市自我修复和3D打印焦油方面的研究感兴趣？会议讨论的重点是成本更低的海水淡化方法，还是可持续利用的包装？不管怎样，我知道认识液体的特性是很有必要的。我看了看表，会议的开幕式很快就要开始了。我往脸上泼了点水，以防时差综合征，然后下楼去往会议中心。

当我抵达会场时，我看到了令人出乎意料的一幕：苏珊正大步流星地走上讲台。我的眼珠子都快要从眼眶里飞出来了。我认识的这个人，这个坐在我身边和我共度了11个小时的人，竟是一位工程师。她不只是工程师，还是我飞越半个地球来参加的这场会议的主题演讲人。她才华横溢、旁征博引，讲述了我们面临的复杂的全球可持续性挑战。不过，实际上我发现自己很难集中注意力，因为我对自己没有在飞机上和她聊天而感到震怒。

苏珊的演讲结束后，我忍不住走上去想和她谈谈。我不得不排队等候，因为她正在耐心地和周围拥挤的人群交流。轮到我时，我笑了笑，试着用一种很冷静的声音对她说：“讲得真好！”她看了看我，愣了几秒钟，显然是在回忆在哪里见过我，随后她才恍然大悟。

“我猜，你是想把你的笔要回去吧。”她对我说。

后记

正如我希望的那样，这一次从伦敦到旧金山的旅程告诉我们，通过认识与利用各种液体，如煤油、咖啡、环氧树脂和液晶，我们可以身心愉悦地乘坐一趟航班。有许多液体我没有提到，但我本来也没有打算面面俱到。相反，我试着展示我们与液体之间的关系。几千年来，我们一直都想要控制这种物质状态，它迷人又邪恶，清新又黏滑，创造生命又具有爆炸性，美味又有毒。到目前为止，我们在很大程度上利用了液体的力量，同时保护自身免遭它的伤害（尽管还有海啸和海平面上升）。不过，日子还长，我想我们的未来将会像过去一样充满着液体，但我们与液体的联系还会继续加深。

以医学为例。大多数医学测试都需要血液或唾液样本，医生用它们来诊断疾病或监测患者的健康状况。这些测试基本都要在实验室里进行，既费时又费钱。患者还需要寻求医生或医院的帮助，但这不一定都能实现，尤其是在医疗资源稀缺的国家。但是一种被称为“芯片实验室”的新技术很可能会改变这一切，在未来开创家中诊断的先河，不仅具有即时性，还十分廉价。

“芯片实验室”技术可以让你从自己的体液中提取样本，并将其送入一台小型仪器中，化验其中的生化成分。这些芯片处理液体的方式和硅微芯片处理数字信息的方式大致相同。你的血液或其他体液，都被注入一系列微型内管中，这些内管可以将液滴朝不同的方向送往不同的分析元件中。现在谈论这些芯片还有些为时过早，但也要做好准备，未来几年会听到越来越多的相关消息。它们可能会诊断出各种疾病，包括心脏病、早期癌症等，或许将引领一场医学革命，就像我们在IT行业看到的那样。只不过，这一次的革命将是液态的。

为了使“芯片实验室”技术发挥作用，需要建立一个能够移动并操控小液滴的机制。生物有机体当然是这方面的行家。大雨滂沱的时候，如果你去花园，会看到树叶正在高效地排水，雨水会反弹。还有荷叶，人们早就知道它们具有超疏水性，但是一直找不到原因。直到最近，人们才在电子显微镜下发现它们的表面有点儿奇怪。正如所猜测的那样，它们被一种防水的蜡质材料覆盖着，但令人惊讶的是，这种材料以数十亿个极其微小的凸起形式排列在荷叶的表面。当一滴水落在蜡质叶面上时，两者的接触面积会减小，因为表面张力很大。荷叶上的凸起大大增强了接触面的蜡制特性，水滴便不能稳定地停留在凸起的顶端。在这种状态下，水滴开始移动，并很快从叶子上滑下去，一路裹挟细小的灰尘，像小型吸尘器似的把它们吸走。这便是荷叶保持光泽感与清洁的原因。

控制材料表面使其具有超疏水性，这可能会在未来几年里成为一门大生意。由此，我们不仅能引导液滴流入“芯片实验室”技术的内部元件，还能做很多其他的事情。例如，我们可以不让水沾在窗户上，窗户就能与荷叶一样干净；我们还可以开发防水布料，收集落在上面的水，再将其输送到收集袋中，以便日后饮用。该设计的灵感来自澳大利亚魔蜥，它们收集落在皮肤上的雨水，通过毛管流将水引入体内，为自己补充水分。

●澳大利亚魔蜥借助疏水的身体表面和毛管流来收集皮肤上的水分

这种集水的技术，对无

法持续获得洁净水资源的数十亿人来说，具有很大帮助，特别是如果能够掌握廉价的水过滤技术。一种可能的新材料叫作氧化石墨烯。它是一个由碳原子和氧原子构成的二维层状材料。它能以膜的形式，作为一层屏障阻挡绝大多数化学物质，但很容易让水分子通过。所以，它很像分子筛，有可能成为一种非常有效又廉价的过滤器，甚至可以将海水变为饮用水。

正如我们所知，水是生命之源。人们普遍认为，液态水的存在，让地球上的生命得以从非常基本的化学结构演化为构成人类的复杂细胞。但这仍是一个假设，我们不确定这是如何发生的。全世界的化学家们还在做实验，试图重新制造出地球40亿年前刚刚演化出生命时的化学条件，并以此解决上述问题。在这一点上，生命最有可能源自深海海底。在那里，热火山口产生了一种复杂的化学汤，其中含有很多在我们细胞中发现的物质。随着21世纪的科技发展，探索这些领域及深海，都将成为重要的前沿研究。说起来也真是奇怪，我们对海底的了解还没有对月球表面了解得多。

如果海洋深处是我们探索的下一个物理边界，我会说，我们在计算学上还有两个边界，而且都取决于液体。细胞和计算机都会计算信息，但是所用的方式完全不同。细胞通过化学反应对DNA储存的信息进行计算，从而发挥功能并繁殖。硅基计算机则是读取包含了数十亿固态晶体管的芯片，这些晶体管能够处理计算机程序转录而来的输入电子信号。这些信号通过数字计算机中一系列1和0的二进制语言进行通信。晶体管将逻辑应用于1和0的数字流，并以1和0的形式进行再次计算，将它们传递到计算机芯片的另一部分。这一切看起来都很基础，但是通过每秒数十亿次的简单计算，就可以完成非常复杂的计算，由此可以击败国际象棋大师，也可以计算出火箭到月球的轨道。

当细胞进行计算的时候，它们用化学反应替代了晶体管的计算。

它们不依靠1和0，而是用分子来计算，并与分子传递信息。没有晶体管或电线，在细胞中流动的只有液态化学反应。这些化学反应发生得非常快，并且在整个细胞内同时发生，使这个所谓的并行计算系统十分有效。反应涉及的分子也都很小，你可以很轻松地在一滴液体中找到十万亿亿（1 000 000 000 000 000 000 000）个分子，这可能是其强大计算能力和记忆力的来源。

科学家们正在试图用DNA制造出一台液体计算机来模拟这一过程。尤其是随着操控DNA以及在试管中进行计算的方法变得越来越复杂且更具可行性，这一研究正在快速发展。2013年，研究人员取得了一项重大进步：他们能将数码照片的数据储存在液体中，然后再恢复。这为全新的计算机范式打开了大门，将来，你或许能把所有数据都储存在一滴液体中。

这些令人难以置信的计算系统正在开发，液体计算打头阵，其次是量子计算，它依赖于二进制1和0的量子版本，这意味着直到计算完成之前，信息都是以1和0的形式被储存在计算机中的。量子计算利用量子力学的规则，允许事件的所有可能结果同时存在。因此，一个问题的所有可能的答案都能立即计算出来，这大大地加快了计算速度。已经有机器能够做到这一点，但它们还是初级的。但有一件事是确定的，它们需要在非常低的温度下运行，这只能借助一种非常特殊的液体——液氦。

氦通常是气体，除非被冷却到-269℃以下。这一温度仅仅比绝对零度高了4.15℃，氦就会变成液体。幸运的是，多亏了医院里的医疗设备，我们已经有了与液氦共事的感觉。如果你曾有过大脑、臀部、膝盖或脚踝的损伤，或是被诊断出患有癌症，那么你很可能做过磁共振成像（MRI）。但是，如果没有超低温的液氦，这些对所有现代医院来说都至关重要的诊断仪器，就会停止运行。液氦的低温可以让MRI检测仪可靠地探测人体内部磁场的微小变化，从而绘制出人体内部器官的图谱。不幸的是，尽管氦是宇宙中最丰富的元素之一，但它在地球上相当罕见。医院中出现的液氦短缺问题现在已经相当普遍，经常供应不足。为此，地质学家们不断地在地壳中寻找新的氦源（通常会在天然气中发现），但由于其重要性日趋增加，这种关键物质的价格在过去15年中已经上涨了5倍。

尽管液氦非常有用，但它也很难被控制。它会成功地将MRI检测仪冷却到-269℃，但是如果再降低几度，将液氦冷却至-272℃，它就会进入我们所说的超流体状态。在这种状态下，液体中所有的原子都占据同一个量子态，也就是说，这些数以亿计的氦分子表现得就像单一的分子，这赋予了液体神奇的力量。例如，它没有黏性，会自动从容器中流出。它甚至可以在固体材料中流动，穿过物体内部原子般大小的小孔，却不会遭遇任何阻力。

这本书要接近尾声了，我希望液体的这些特性不会让你感到过于惊讶。液体具有二元性，它既不是气体也不是固体，而是介于两者之间。一方面，它令人兴奋，也充满力量；另一方面，它无组织无纪律，让人感到害怕。这就是液体的本性。不过，我们控制液体的能力在很大程度上对人类产生了积极影响，我敢打赌，到21世纪末时，我们可以回顾“芯片实验室”的医学诊断技术与廉价的海水淡化技术，这两项重大突破很可能延长了人类的寿命，使我们避免了大规模迁移与冲突。到那时，我也希望我们不再使用化石燃料，特别是航空煤油。这种液体给我们带来了很多，包括廉价的全球旅行、阳光明媚的假期以及令人兴奋的冒险，但它在全球变暖中的消极影响是不容忽视的。我们会发明出什么液体来替代它呢？不管是什么，我猜一定还会有飞前安全须知的仪式。也许它将不再涉及救生衣、氧气面罩和安全带这些道具，但我们总是需要仪式，来庆祝液体那危险而又令人快乐的力量。

延伸阅读

1.*Bright Earth: Art and the Invention of Colour,* Philip Ball, Vintage, 2001

2.*The Chemical History of a Candle,* Michael Faraday, Oxford University Press, 2011

3.*The Design of Experiments,* Ronald Fisher, Oliver and Boyd, 1951

4.*The Water Book,* Alok Jha, Headline, 2016

5.*Moby-Dick,* Herman Melville, Penguin Book, 2001

6.*Sensitive Matter: Foams,* Gels, Liquid Crystals, and Other Miracles, Michel Mitov, Harvard University Press, 2012

7.*The Cloudspotter' s Guide,* Gavin Pretor-Pinney, Sceptre, 2007

8.*Gulp: Adventures of the Alimentary Canal,* Mary Roach, Oneworld, 2013

9.*The Lady Tasting Tea: How Statistics Revolutionized Science in the Twentieth century,* David Salsburg, Holt McDougal, 2012

10.*Perfect Meal: The Multisensory Science of Food and Dining,* Charles Spence & Betina Piqueras-Fiszman, Wiley-Blackwell, 2014

11.*A History of the World in Six Glasses,* Tom Standage,

Walker, 2005

12.*Skyfaring: A Journey with a Pilot,* Mark Vanhoenacker, Chatto & Windus, 2015

致谢

真诚地感谢我的编辑丹尼尔·克鲁和娜奥米·吉布斯，他们都有着很多的耐心和敏锐的洞察力，并给予我充分的支持，忍受了我对飞前安全须知这一问题的坚持。

在材料学院，我与一群科学家、工艺师、制造师、工程师、考古学家、设计师和人类学家一起工作。他们都在一定程度上帮我完成了这本书。我要感谢整个团队的支持：佐伊·劳克林、马丁·康林、埃莉·多尼、莎拉·威尔克斯、乔治·沃克、达伦·埃利斯、罗曼·默尼耶、内克尔·施米茨、伊丽莎白·科尔宾、萨拉·布劳威尔、贝丝·蒙罗和安娜·普洛什贾斯基。

材料学院隶属于伦敦大学学院，这是一所跨学科教学及研究的大学，很多同事让它充满了智慧的光芒。我要特别感谢：巴兹·鲍姆、安德莉亚·萨拉、纪尧姆·查拉斯、扬尼斯·范迪克斯、麦凯尔·莱利、马克·利思戈、海伦·切尔斯基、丽贝卡·希普利、大卫·普赖斯、尼克·泰勒、马修·博蒙特、奈杰尔·蒂奇纳-胡克、马可-奥利维尔·科庞、保拉·莱蒂耶里、安东尼·芬克尔斯坦、波琳娜·贝维尔、凯西·霍洛威、理查德·凯特罗、尼克·莱恩、阿拉迪·普拉萨德、曼尼什·迪沃、理查德·杰克逊、马克·兰斯利以及本·奥夫雷。

英国有一个特别活跃的科学与工程团体，多年来，我很荣幸能够成为其中一员。我要特别感谢诸位的支持：迈克·阿什比、雅典娜·唐纳德、莫莉·斯蒂芬斯、彼得·海恩斯、艾德里安·萨顿、克里斯·洛伦兹、杰斯·韦德、鲁森·里斯、劳尔·富恩特斯、菲尔·珀内尔、罗伯·理查森、伊恩·托德、布莱恩·德比、马库斯·杜·索托伊、吉姆·阿尔·哈里里、阿罗姆·沙哈、阿洛克·杰哈、奥利维亚·克莱曼斯、奥林匹亚·布朗、盖尔·加德鲁、苏士·昆都、安德雷斯·特雷蒂亚科夫、爱丽丝·罗伯茨、格雷格·富特、提曼达·哈克尼斯、吉娜·柯林斯、罗杰·海菲尔德、薇薇安·帕里、汉娜·德夫林以及里斯·摩根。

我要特别感谢点评这本书的诸位：伊恩·汉密尔顿、莎莉·戴、约翰·柯米西、里斯·菲利普斯、克莱尔·佩蒂特以及萨拉·威尔克斯。此外，安德里亚·萨拉、菲利普·鲍尔、苏菲·米奥多尼克、阿朗·米奥多尼克、巴兹·鲍姆和恩里科·科恩也都阅读了这本书的全部草稿，并给了我非常有用的意见。

我要感谢我的文学经纪人彼得·泰勒克，是他首先让这本书得以出版，也要感谢整个企鹅兰登书屋提供的帮助。

非常感谢拉尔·希区柯克、乔治·莱特和戴安·斯托里，他们给了我所有的支持，也在我写作此书期间，陪我在多赛特度过了许多美好的时光。

我要感谢我的孩子们，拉兹罗和艾达，他们对液体有着无限热情，帮我完成了这本书中非常有趣的实验阶段。

最后，我要感谢我的爱人露比·莱特，她是我的主编，也是我的创作灵感来源。

图片版权

①《猎捕抹香鲸》，约翰 · 威廉 · 希尔创作，1835年——耶鲁大学画廊

② 精炼油厂——凯尔 · 皮尔斯（Kyle Pearce）

③ 困在琥珀中的蚂蚁——安德雷斯 · L. 达姆加德（Anders L. Damgaad）

④《偷偷喝柠檬水的人》——鲁比 · 赖特

⑤ 纸莎草文献《金匠阿蒙 · 索别克莫斯的亡灵书》局部——布鲁克林博物馆

⑥ 昆士兰大学沥青滴落实验——昆士兰大学

⑦ 澳大利亚魔蜥——巴拉斯（Bäras）

所有手绘插图均由作者倾情奉献。